Numerische Verfahren in Aktion 1

Moduln für lineare Gleichungssysteme

herausgegeben von H. Hollatz

Akademie-Verlag · Berlin

In zwangloser Folge werden Arbeiten publiziert, die die Software-Entwicklung für numerische Verfahren und Probleme der numerischen Verfahrenstechnik behandeln. Insbesondere sollen erprobte Algorithmen für numerische Berechnungen unterschiedlichster Art zusammengestellt werden. Dabei ist u. a. an folgende Themen gedacht:

— Lineare und nichtlineare Gleichungen, Ungleichungen und Funktionalgleichungen,
— Eigenwertprobleme,
— Approximation und Interpolation,
— numerische Integration,
— partielle Differentialgleichungen und Anfangs- und Randwertprobleme,
— Optimierungsprobleme,
— ausgewählte Probleme der Wahrscheinlichkeitsrechnung und mathematischen Statistik.

Die einzelnen Bände sind jeweils einem Thema gewidmet.

Sofern keine zwingenden Gründe dagegen sprechen, wird als Programmiersprache FORTRAN benutzt.

Die Beschreibung der entwickelten Programme wird so gestaltet, daß der Anwender daraus alle für ihn nötigen Informationen entnehmen kann.

Die Herausgeber nehmen gern Anregungen für die Weitergestaltung der Bände entgegen und denken dabei
— an Erfahrungen all derjenigen, die mit diesen Programmen arbeiten,
— an Vorschläge für zukünftige Themen und Autoren.

Entsprechende Hinweise werden an den Akademie-Verlag oder direkt an die Herausgeber erbeten.

Numerische Verfahren in Aktion 1

Numerische Verfahren in Aktion

herausgegeben von

Prof. Dr. V. Friedrich
Technische Hochschule Karl-Marx-Stadt
Prof. Dr. H. Hollatz
Technische Hochschule „Otto von Guericke" Magdeburg
Prof. Dr. H. Schwetlick
Martin-Luther-Universität Halle-Wittenberg

Band 1

Moduln für lineare Gleichungssysteme

Moduln für lineare Gleichungssysteme

herausgegeben von

H. Hollatz

unter Mitarbeit von
D. Richter und W. Burmeister

Akademie-Verlag · Berlin 1980

Erschienen im Akademie-Verlag, DDR-1080 Berlin, Leipziger Straße 3—4
Lektor: Dr. Reinhard Höppner

Lizenznummer: 202 · 100/410/80
Umschlaggestaltung: Rolf Kunze
Gesamtherstellung: VEB Druckerei „Thomas Müntzer", 5820 Bad Langensalza
Bestellnummer: 762 813 7 (6580/1) · LSV 1065
Printed in GDR
DDR 25,— M

INHALT

Ein Modulsystem zur Implementierung numerischer Verfahren (H. Hollatz, D. Richter) 7
0. Problemstellung 7
1. Rechentechnische Realisierung der Moduln auf BESM-6 und Rechnern des ESER 9
1.1. Programmiererleichterungen 9
1.2. Geschwindigkeitsverbesserungen 11
1.3. Genauigkeitserhöhung 12
2. Modulbibliothek 13
2.1. Allgemeine Hinweise und Definitionen 13
2.2. Kommentare zu den Moduln 17

Numerische und rechentechnische Behandlung linearer Gleichungssysteme mit positiv definiten, symmetrischen Matrizen (D. Richter) 29
0. Einführung 29
1. Numerische Methoden zur Lösung der Aufgaben 30
2. Verwendung von Elementarmoduln 34
2.1. Effektivität, Portabilität und Robustheit 34
2.2. Numerische Elementarmoduln 35
2.3. Operationen mit Indices 35
3. Konstruktion von Bausteinen 38
3.1. Grundprinzipien 38
3.2. Moduln der ersten Ebene 40
3.3. Moduln der zweiten Ebene 42
4. Lösung von Aufgaben mit den entwickelten Moduln 44
4.1. Komposition der Verfahren aus den Bausteinen 44
4.2. Basis einer kommunikativen Schicht 46
4.3. Testergebnisse 48
A 1. Beschreibung der numerischen Elementarmoduln 52
A 2. Beschreibung der Routinen für Indexoperationen 53
A 3. Moduln der ersten Ebene 54
A 4. Moduln der zweiten Ebene 57
A 5. Routinen der unmittelbaren kommunikativen Basis 66
A 6. Routinen der erweiterten kommunikativen Basis 73

Die Lösung großer linearer Systeme mit positiv definiten, symmetrischen Matrizen unter dem Aspekt der Nutzung externer Speicher (D. Richter) 79
0. Einführung 79
1. Untersuchungen zur Transferminimierung 80
1.1. Dekomposition von Matrizen 81
1.2. Gleichungsauflösung 86

1.3.	Invertierung von Matrizen	88
2.	Modifizierte Verfahren	92
2.1.	Erweiterung der Basis	92
2.2.	Algorithmen für Matrizen in Zeilen- oder Spaltenform	94
2.3.	Modifizierte Algorithmen auf der Basis von Blockzerlegungen	97
2.4.	Organisation des Datentransfers	99
3.	Aufwandabschätzungen und Testergebnisse	100
A 1.	Verwendete numerische Elementarmoduln	105
A 2.	Kommunikative Basis	106
A 3.	Routinen zur Organisation des Datentransfers	108
A 4.	Implementierte Spaltenmethode	112
A 5.	Implementierte Blockmethoden	118

Programmpaket für lineare Gleichungssysteme mit schwach besetzten Matrizen (W. Burmeister) 125

0.	Einführung	125
1.	Aufgabenstellung und Einordnung der Lösungsverfahren	126
2.	Der Gaußsche Algorithmus	127
2.1.	Faktorisierung der Matrix A	127
2.2.	Vorwärtselimination und Rücksubstitution	129
2.3.	Systeme mit symmetrischer Koeffizientenmatrix	130
3.	Kettenlistenverarbeitung	130
4.	Beschreibung des Programmpaketes	131
4.1.	Allgemeiner Ablauf des Lösungsprozesses	131
4.2.	ESER-Version des Programmpaketes	133
4.2.1.	Assembler-Hilfsprogramme	133
4.2.2.	NH-Variante (beliebige Matrix, einfache Genauigkeit)	134
4.2.3.	NP-Variante (beliebige Matrix, doppelte Genauigkeit)	139
4.2.4.	SH-Variante (symmetrische Matrix, einfache Genauigkeit)	140
4.2.5.	SP-Variante (symmetrische Matrix, doppelte Genauigkeit)	143
4.3.	BESM-6-Version des Programmpakets	143
4.3.1.	Assembler-Hilfsprogramme	143
4.3.2.	NM-Variante (beliebige Matrix)	144
4.3.3.	NM-Assembler-Variante	144
4.3.4.	ND-Variante (beliebige Matrix, Externspeicher)	144
4.3.5.	SM-Variante (symmetrische Matrix)	145
A 1.	Beispiel für ein Rahmenprogramm	148
A 2.	Ausgabe rechteckiger Teilmatrizen schwach besetzter Matrizen als Zahlenblock oder als Strukturmuster	149
A 3.	Testbeispiele	150
A 4.	Listing des Unterprogramms NHDECO	151

Nachwort 155

EIN MODULSYSTEM ZUR IMPLEMENTIERUNG NUMERISCHER VERFAHREN

H. Hollatz, D. Richter

0. Problemstellung

Ein Algorithmus zur Lösung einer numerischen Aufgabe ist eine endliche Rechenvorschrift, die angibt, wie man aus endlich vielen Ausgangszahlen $x_1,\dots,x_n$ endlich viele Resultatzahlen $y_1,\dots,y_m$ zu berechnen hat. Damit entspricht einem numerischen Algorithmus eine Abbildung

$$f : S \subseteq R^n \to R^m,\ f(x) = y.$$

Jeder Algorithmus ist aber auch aus einer endlichen Folge von "elementaren Operationen", wie sie etwa durch ein Programm gegeben ist, aufgebaut.
Solcher endlichen Folge entspricht eine endliche Folge von elementaren Abbildungen:

$$f = f^{(r)} \circ f^{(r-1)} \circ \dots \circ f^{(0)}$$

mit

$$f^{(i)}: S^{n_i} \subseteq R^{n_i} \to R^{m_i},\ i=0,1,\dots,r$$

Auf einem Rechner sind die elementaren Operationen - etwa die arithmetischen Grundoperationen - nicht in Strenge realisiert, sondern als gewisse Ersatzabbildungen

$$\bar{f} = \bar{f}^{(r)} \circ \dots \circ \bar{f}^{(0)}.$$

Jedem numerischen Verfahren ist damit eine Menge von numerischen Algorithmen zugeordnet, die z. B. durch die Benutzung verschiedener elementarer Abbildungen und durch die Anzahl der elementaren Abbildungen erzeugt wird.
Für die numerische Mathematik entstehen in diesem Zusammenhang u. a. folgende Aufgaben:

1° Charakterisierung aller einem numerischen Verfahren zugeordneten Algorithmen.

2° Man finde numerische Algorithmen, die die Aufgabenklasse, auf die das entsprechende numerische Verfahren anwendbar ist, möglichst wenig einschränken.

3° Man finde Algorithmen zu numerischen Verfahren mit minimalem Gesamtfehler.

4° Man entscheide, ob in der einem numerischen Verfahren zugeordneten Algorithmenmenge gutartige Algorithmen existieren und gebe solche an.

5° Unter allen zu einem numerischen Verfahren gehörenden Algorithmen finde man einen solchen, der eine Teilmenge der zugeordneten Aufgabenklasse in minimaler Zeit löst.

In naiver Betrachtungsweise hängt die Qualität eines numerischen Algorithmus von seiner Zerlegung in elementare Operationen, dessen Qualität und den benutzten Ersatzabbildungen auf dem Rechner ab, die wir Moduln nennen wollen. Da jede elementare Abbildung wieder aus elementaren Abbildungen aufgebaut ist bis hin zu den arithmetischen und logischen Grundoperationen, ergibt sich im Zusammenhang mit den Grundproblemen der numerischen Mathematik die Frage nach einem Modulsystem, auf welches bei den meisten numerischen Algorithmen zurückgegriffen wird. Dabei sind die arithmetischen und logischen Grundoperationen Moduln 0. Stufe und die innersten Zyklen in numerischen Algorithmen Moduln 1. Stufe, da sie die wiederholte Ausführung von Grundoperationen beinhalten. Solche Moduln sind z. B. das Skalarprodukt, Summen von Vektoren, Umspeichern von Feldern u. a. m. In numerischen Algorithmen treten Elemente der 1. Modulebene so häufig auf, daß es sich aus Gründen einer ökonomischen Programmierung erforderlich macht, eine Reihe von Routinen zu schreiben, die in vielen Algorithmen ständig benötigt werden. Die Moduln der 1. Stufe müssen der Programmiererleichterung, der Erniedrigung von Rechenzeiten und der Genauigkeitserhöhung von numerischen Algorithmen dienen. Damit sie bei der Implementierung numerischer Verfahren von den Programmentwicklern auch eingesetzt werden, müssen folgende Prinzipien berücksichtigt sein:

- universelle Nutzbarkeit
- bequeme Anwendung
- einheitliche Parametervermittlung
- kurze Aufrufe für Normalfälle.

1. Rechentechnische Realisierung der Moduln auf BESM-6 und Rechnern des ESER

Die Realsierung eines Modulsystems auf BESM-6 und ESER-Rechnern ist ein Beispiel, wie durch Programmoduln die Effektivität, Genauigkeit und Nutzerfreundlichkeit numerischer Algorithmen verbessert werden kann.

1.1. Programmiererleichterungen

Wie die obigen Prinzipien in den entwickelten Moduln verwirklicht sind, soll an einem typischen Beispiel erläutert werden. Es ist dies die Routine SAVEV zum Umspeichern eines Feldes auf ein anderes. Die Routine hat den allgemeinen Aufruf:

```
CALL SAVEV (A,IA,JA,B,IB,JB,N).
```

Hierbei sind A und B zwei Felder mit reellen Zahlen und IA,JA,IB,JB ganze Zahlen.
Es wird ausgeführt:

```
A(IA+(K-1)*JA)=SIGN (N)*B(IB+(K-1)*JB)
```

für K=1,...,ABS(N). Die Indices IA und IB bestimmen also gewisse Anfangstellen der Felder A und B; JA und JB geben die Schrittweiten an. Durch N wird neben der Anzahl von Umspeicherungen auch das Vorzeichen gesteuert.
Durch die Einführung von Anfangsindices und Schrittweiten ist dem Prinzip der Universalität gerecht geworden. Auf diese Weise können Felder ab einer beliebigen Stelle, mit beliebiger Schrittweite und - was oft benötigt wird - vorwärts und rückwärts behandelt werden. Gleichzeitig ermöglicht dieses Prinzip eine bequeme Programmierung. Die hier beschriebene Form von Parametern der Routine SAVEV ist in allen Moduln verwendet worden. Dadurch wird nicht nur dem Prinzip einer einheitlichen Parametervermittlung schlechthin entsprochen, sondern die Anwendung der Moduln nicht durch ständiges Umdenken erschwert.
In einigen Moduln, bei denen es erforderlich erschien, ist zusätzlich noch ein Index zur Veränderung der Schrittweite aufgenommen worden.
Als 1. Standardfall wollen wir jenen Fall annehmen, bei dem das zu einem Feld gehörende Parameterpaar den Wert (1,1) hat. Dieses Feld wird also lückenlos und mit dem ersten Element beginnend behandelt.

In diesem Falle kann beim Aufruf das Parameterpaar ersatzlos fehlen. Dies ist unabhängig für jedes in einem Modul enthaltene Feld möglich. Für ESER-Rechner wurde als 2. Standardfall jener angenommen, bei dem der Anfangsindex den Wert 1 hat. Auch in diesem Falle kann der Index im aktuellen Aufruf fehlen. Bei einem Feld mit drei Indices:

```
...,A,IA,JA,KA,...
```

sind die Kurzformen

```
...,A,JA,KA,...     ...,A,JA,...     ...,A,...
```

möglich und fehlende Indices werden als gleich 1 behandelt.
Die Routine SAVEV kann man somit in folgender Weise benutzen:

```
CALL SAVEV (A,IA,JA,B,IB,JB,N),
CALL SAVEV (A,IA,JA,B,JB,N),
CALL SAVEV (A,IA,JA,B,N),
CALL SAVEV (A,JA,B,IB,JB,N),
CALL SAVEV (A,JA,B,JB,N),
CALL SAVEV (A,JA,B,N),
CALL SAVEV (A,B,IB,JB,N),
CALL SAVEV (A,B,JB,N),
CALL SAVEV (A,B,N).
```

Die Benutzung des gleichen Namens bei verschiedenen Parametermengen ist erst durch die Programmierung der Moduln in einer .-Sprache möglich geworden.
Die Parameter werden nach ihrem Typ identifiziert. Die.Identifizierung des Parameters nach seinem Typ ist möglich auf Grund der unterschiedlichen Wortdarstellung von Integer- und Real-Größen. Auf manchen Rechnern (z. B. ESER) werden Integer- und Real-Null durch das leere Wort repräsentiert. Um hier Eindeutigkeit zu erlangen, wird das leere Wort als reelle Zahl interpretiert. Aus diesem Grunde müssen bei allen Moduln, die einen verkürzten Aufruf zulassen, die feldspezifizierenden Indices stets ungleich Null sein.
Es soll noch ein Beispiel angegeben werden, das die Anwendung der Moduln illustriert.
Auf einem Feld X sei eine quadratische Matrix der Ordnung M spaltenweise gespeichert. Wir wollen die Hauptdiagonalelemente der Matrix in umgekehrter Reihenfolge ab dem K-ten Element des reellen Feldes Y speichern.
Folgende Aufrufe der Routine SAVEV lösen diese Aufgabe:

```
1. CALL SAVEV (Y,K,1,X,M*M,-M-1,M),
2. CALL SAVEV (Y(K),X,M*M,-M-1,M),
```

3. CALL SAVEV (Y,K+M-1,-1,X,M+1,M).

Die Varianten 1 und 3 unterscheiden sich dadurch, daß bei der ersten rückwärts gelesen und vorwärts geschrieben und bei der dritten vorwärts gelesen und rückwärts geschrieben wird. Variante 2 ist gleich Variante 1 mit verkürztem Aufruf.

1.2. Geschwindigkeitsverbesserungen

Die Ausführungszeiten der Moduln beeinflussen entscheidend die Laufzeiten eines numerischen Algorithmus; geringe Laufzeit der Moduln zieht eine Verringerung der Gesamtrechenzeit in den numerischen Algorithmen nach sich. Als wesentlich für die Laufzeitverringerung der Moduln erweist sich ihre Programmierung in ASSEMBLER. Es kommt hier darauf an, die Zyklen so kurz wie möglich zu halten und die Indexoperationen in den Indexregistern auszuführen. Möglicherweise wird durch die Verkürzung der innersten Zyklen die Routine insgesamt verlängert. Das ist jedoch nicht entscheidend für die Laufzeit. Aus eben diesen Gründen ist es auch nicht mehr erforderlich, Moduln höherer Stufe in ASSEMBLER zu programmieren. In Moduln höherer Stufe werden nur noch Rahmen um innere Zyklen erzeugt. Am Beispiel der Routine SAVEV sollen die erreichten Verbesserungen dargestellt werden. Ein FORTRAN-Programm für den allgemeinen Fall hätte bei N > 0 die Form:

```
      SUBROUTINE SAVEV (A,IA,JA,B,IB,JB,N)
      DIMENSION A(1),B(1)
      K=IA
      L=IB
      DO1 I=1,N
      A(K)=B(L)
      K=K+JA
      L=L+JB
    1 CONTINUE
      RETURN
      END
```

Das übersetzte BESM-6-Maschinenprogramm hat 23 Befehle im Zyklus; auf ESER-Anlagen sind es über 20 Befehle. Tatsächlich benötigt man jedoch in beiden ASSEMBLER-Sprachen nur 4 bzw. 5 Befehle für jeden Zyklus. Zeitmessungen haben ergeben, daß die BESM-6-ASSEMBLER-Routine SAVEV 9,6-mal schneller ist als die entsprechende FORTRAN-Version. Dieses Meßergebnis hängt natürlich vom benutzten Compiler ab. Sicher gibt es Compiler mit einem kleineren Faktor als 9,6; der Faktor 1 wird aber nicht erreichbar sein.

1.3. Genauigkeitserhöhung

So wie die Elementarmoduln entscheidend für das Laufzeitverhalten numerischer Algorithmen sind, ist von ihrer Realisierung auch die Genauigkeit berechneter Lösungen abhängig. Da die arithmetischen Grundoperationen hardwaremäßig realisiert sind, müssen Bemühungen zur Genauigkeitserhöhung bei den Moduln erster Stufe einsetzen.
Man kann zunächst davon ausgehen, daß jede arithmetische Operation bis auf Abscheidefehler exakt auf dem Rechner ausgeführt wird. Probleme entstehen erst bei der häufigen Nacheinanderausführung von arithmetischen Operationen. Dazu wollen wir uns zunächst die Gleitkommaarithmetik genauer ansehen. Ist a die Basiszahl zur normalisierten Darstellung von Real-Zahlen, dann liegt die Mantisse stets im Intervall $[a^{-1};1)$ (bei BESM-6 ist a=2, bei ESER ist a=16).
Wenn nun zwei Zahlen addiert werden sollen, dann müssen zunächst die Exponenten angeglichen werden. Das erfolgt durch Anhebung des kleineren Exponenten und entsprechende Verkleinerung der Mantisse (Verschiebung nach rechts). Danach werden die verbleibenden Mantissen addiert, und es erfolgt eine Normalisierung. Durch die Rechtsverschiebung einer Mantisse gehen Informationen verloren, die im Ergebnis nicht mehr beachtet werden. Dies ist bei wiederholter Addition eine erhebliche Fehlerquelle. Die Genauigkeit des Resultats bei wiederholter Addition läßt sich wesentlich erhöhen, wenn man die bei der Rechtsverschiebung auslaufende Information zu einer auf dem Rechner darstellbaren Gleitkommazahl ergänzt, die so entstehenden Gleitkommazahlen aufaddiert und am Ende mit dem Resultat zusammenfaßt. Wir wollen dieses Prinzip akkumulierende Summation nennen.
Auf der BESM-6 ist die akkumulierende Summation leicht realisierbar, da bei der Rechtsverschiebung einer Mantisse auslaufenden Dualstellen in einem Hilfsregister zur weiteren Verarbeitung verfügbar sind. Auf ESER-Anlagen muß das Hilfsregister simuliert werden.
Da die akkumulierende Summation einer internen Arithmetik in doppelter Wortlänge entspricht (jedoch einer weitaus effektiveren Form), gibt es bei ESER in der REAL*4-Arithmetik für die akkumulierende Summation keine Probleme, da die REAL*8-Arithmetik hardwaremäßig realisiert ist. In der REAL*8-Arithmetik existiert aber auch eine Möglichkeit für die akkumulierende Summation, die weniger rechenzeitintensiv ist als z. B. eine softwaremäßig realisierte REAL*10-Arithmetik.
Eine weitere, rechnerbedingte Fehlerquelle ist die Auslöschung;

darunter versteht man den Stellenverlust bei der Subtraktion von Gleitkommazahlen mit gleichen Exponenten, falls führende Mantissenstellen übereinstimmen (man vgl. 2.4.3).
Die Subtraktion, bei der Auslöschung eintritt, ist selbst eine harmlose Operation, bei der keine Rundungsfehler auftreten. Wohl aber geraten die Rundungsfehler aus früheren arithmetischen Operationen in höhere Mantissenstellen, so daß die Auslöschung fehlerverstärkend wirkt.
Bei arithmetischen Operationen der Form $x=a+b_1*c_1+...+b_n*c_n$ kann man durch doppelt genaue Berechnung von b*c und akkumulierende Summation des Produktes mit a die Genauigkeit von x wesentlich steigern. Wir wollen dieses Prinzip akkumulierende Multiplikation (WILKINSON [1]) nennen. Unter Benutzung des Hilfsregisters auf der BESM-6 bzw. doppeltgenauen Arithmetik innerhalb der REAL*4-Arithmetik (auf ESER-Anlagen) ist eine effektive Realisierung der akkumulierenden Multiplikation möglich.
Eine wichtige Rolle spielt in numerischen Algorithmen die sogenannte Maschinengenauigkeit eps, die kleinste Rechnerzahl, für die
1. + eps .GT. 1. gilt. Die Maschinengenauigkeit benötigt man z. B. zum Nullsetzen kleiner Zahlen und bei Abbruchbedingungen in iterativen Algorithmen. Der Bezug der Maschinengenauigkeit auf die Zahl 1 ist in all jenen Fällen von Nachteil, wo die Zahlen, mit denen der betreffende Algorithmus rechnet, sämtlich absolut erheblich unterhalb von 1 liegen; analog liegen die Verhältnisse, falls die Zahlen absolut sämtlich viel größer als 1 sind.
Es erscheint daher angebracht, die Maschinengenauigkeit zu relativieren auf eine charakteristische Maschinenzahl rc.

2. Modulbibliothek

2.1. Allgemeine Hinweise und Definitionen

Der Rechner möge mit R Mantissenstellen und der Basis A arbeiten (ESER: R=6, A=16 (REAL*4); A=16, R=14 (REAL*8); BESM-6: R=40, A=2).
Unter den Symbolen + und - verstehen wir die Rechneroperationen Addition bzw. Subtraktion mit anschließender Normalisierung, während '+', '-' die Rechneroperationen Addition, Subtraktion ohne Normalisierung bedeuten. Schließlich sei RC eine charakteristische Maschinenzahl, die im allgemeinen eine Potenz der Basis A ist. In den Moduln wurde RC=1. gesetzt; der Wert kann aber über eine spezielle Routine geändert werden.

2.1.1. Unter der Verschiebungszahl V(X,Y) von zwei Gleitpunktzahlen X,Y mit ABS(X).GE.ABS(Y) verstehen wir die Größe

V(X,Y) = Y - ((X + Y) - X).

Diese Zahl gibt die auslaufenden Mantissenstellen bei der Addition X+Y wider.

2.1.2. Die Größe

S(X) = (RC + X) - RC

heißt Signifikanz der Gleitpunktzahl X; S(X) stimmt mit X bis auf die auslaufenden Mantissenstellen bei der Addition X+RC überein.

2.1.3. Es seien X, Y Gleitpunktzahlen mit ABS(X).GE.ABS(Y); ferner habe /Z/ die Mantisse von Z und den Exponenten Null.
Unter der Auslöschung AUS(X-Y) von X, Y bezüglich der Subtraktion verstehen wir die Größe

AUS(X-Y) = /(ABS(X'-'Y)'+'RC)'-'RC/

und unter der Auslöschung AUS(X+Y) von X, Y bezüglich der Addition die Größe

AUS(X+Y) = /(ABS(X'+'Y)'+'RC)'-'RC/.

Es sei RC = 1. Der Betrag des Exponenten der Auslöschung in normalisierter Gleitpunktdarstellung gibt den Stellenverlust bezüglich der Basis A bei der Addition bzw. Subtraktion an, wobei Zahlen mit negativem Exponenten zunächst so normalisiert werden, daß ihre Exponenten gleich Null sind, also gleich dem Exponenten von RC. Im Falle RC $\neq$ 1 ist die Auslöschung in analoger Weise zu interpretieren.
Beispiel: R=4, A=1Ø, RC=1., X=Ø.1584E3, Y=Ø.1582E3; dann ist AUS(X-Y)=Ø.2ØØØE-3; für U=X*1.E-6, V=Y*1.E-7 folgt AUS(U-V)=Ø.; im Falle RC=1.E-4 folgt aber AUS(U-V)=Ø.1426EØ.
Gleitpunktzahlen X, Y, die absolut kleiner als die Maschinengenauigkeit sind, haben im Falle RC=1 die Auslöschung Null, d. h. maximale Auslöschung; sie werden hinsichtlich ihrer Auslöschung als gleich angesehen.

2.1.4. Nullsetzung:
Das Ergebnis einer Addition oder Subtraktion wird gleich Null gesetzt,

falls die Auslöschung der beiden Zahlen einen vorgegebenen Wert unterschreitet (REAL*4: Der Stellenverlust muß 5 Halb-Bytes betragen, REAL*8: Der Stellenverlust muß 12 Halb-Bytes betragen).

2.1.5. Akkumulierende Summierung:
Beim Aufaddieren einer Folge von Gleitpunktzahlen werden die zugeordneten Verschiebungszahlen aufsummiert und zum Ergebnis hinzuaddiert.

2.1.6. Allgemeine Hinweise:
Zu jedem Feld A in einem Modul gehören im allgemeinen zwei oder drei feldspezifizierende Indices IA, JA bzw. IA, NA, MA.
Dabei gibt IA stets den Anfangsindex an, d. h., die Verarbeitung beginnt mit dem Element A(IA). Der Index JA gibt die Schrittweite zum nächsten Element im Feld A an, so daß die Operationen des betreffenden Moduls mit den Feldelementen A(IA), A(IA+JA), A(IA+2*JA),...., A(IA+(N-1)*JA) ausgeführt werden.
Die feldspezifizierenden Indices müssen stets ungleich Ø sein; sie können im aktuellen Aufruf des Moduls fehlen, wobei folgende Aufrufe möglich sind:

...,A,IA,JA,...   ...,A,JA,...   ...,A,...

Fehlende Indices werden als gleich 1 behandelt.
Bei Feldern mit drei feldspezifizierenden Indices müssen die Indices ebenfalls ungleich Ø sein; es sind die aktuellen Aufrufe

...,A,IA,MA,NA,...   ...,A,MA,NA,...   ...,A,MA,...   ...,A,...

möglich und die fehlenden Indices werden als gleich 1 behandelt.
Im wesentlichen werden hier folgende Grundmoduln kommentiert:

SHIFT: Verschiebungszahl

DIGIT: signifikante Mantissenstellen

SAVE: Umspeichern von Werten

CROSS: Vertauschen von Werten

LOGIC: Logischer Vergleich
MAXEL: Maximales Element
MINEL: Minimales Element

RELDIF: Relativer Unterschied zwischen Zahlen

CANCEL: Auslöschung

OPER: Arithmetische Verknüpfung von Real-Zahlen

ITERAT: Vektoroperationen

SCALAR: Skalarprodukt

SUM: Summe von Feldelementen

MATRIX: Matrixoperation.

Diese Grundmoduln sind auf verschiedene Weise modifizierbar:
Falls eine akkumulierende Summation sinnvoll erscheint, wird an den Grundnamen ein C angehängt (falls der Name damit aus mehr als 6 Zeichen besteht, wird der letzte Buchstabe des Grundnamens weggelassen). Wird in analoger Weise an den Namen ein V angehängt, so liegt eine Operation mit Vektoren vor. Ist der Name mit X ergänzt worden, so ist eine der an der Operation beteiligten Felder eine Zahl. Diese Zahl muß im Aufruf fehlen, falls sie gleich Ø ist und an den Grundnamen eine Ø angehängt wurde.
Eine Modifikation der Modifikation ist bei allen Moduln möglich, wo die Nullsetzung sinnvoll erscheint; in diesem Falle wird der Modulname mit einem Z abgeschlossen.
Über das Vorzeichen der Anzahl N der beteiligten Feldelemente ist eine weitere Modifikation des Moduls möglich.
(Die folgende Tabelle gibt eine Gesamtübersicht.)

Grundname	V-Mod.	X-Mod.	Ø Mod.	C-Mod.	Z-Mod.	N-Mod.	Gesamt-Mod.
SHIFT	x	x	-	-	-	x	91
DIGIT	x	-	-	-	-	-	10
SAVE	x	x	x	-	-	x	27
CROSS	x	x	-	-	-	x	27
LOGIC	x	x	x	-	-	x	162
MAXEL	x	x	x	-	-	x	96
MINEL	x	x	x	-	-	x	96
RELDIF	x	x	-	-	x	x	92
CANCEL	x	x	-	-	-	x	55
OPER	x	x	-	-	x	x	288
ITERAT	-	-	-	-	x	x	1290
SCALAR	-	-	-	x	x	-	122
SUM	-	-	-	x	x	x	12
MATRIX	-	-	-	x	x	x	4608

2.2. Kommentare zu den Moduln

Die mit (B) gekennzeichneten Moduln existieren nur für BESM-6.
Die mit (E) gekennzeichneten Moduln existieren in der angegebenen Form für ESER; auf BESM-6 steht der formale Parameter L am Ende der Parameterliste.

FUNCTION XPY(X,Y) (B)

XPY=X+Y mit Rundung

FUNCTION XNY(X,Y) (B)

XNY=X-Y mit Rundung

FUNCTION XMY(X,Y) (B)

XMY=X*Y mit Rundung

FUNCTION XDY(X,Y) (B)

XDY=X/Y mit Rundung

FUNCTION ADDI(A,B,H) (B)

ADDI=A+B ohne Rundung; auf H befindet sich die Verschiebungszahl von A,B mit einem um 4Ø zu hohen Exponenten.

FUNCTION ACCU(S,H) (B)

ACCU=S+H*2**(-4Ø)

FUNCTION SHIFT(IZ,A,IA,JA,B,IB,JB,N)

SHIFT bestimmt die Beträge der Verschiebungszahlen von A(IA+(K-1)*JA), B(IB+(K-1)*JB), K=1,...,N und setzt in Abhängigkeit vom Vorzeichen von N den minimalen dieser Werte (N positiv) oder den maximalen (N negativ) als Wert der FUNCTION. Auf IZ wird der erste Index X ausgegeben, wo SHIFT angenommen wurde. Im Falle N = Ø gilt IZ = SHIFT = Ø.

Modifikationen:

1. Betrag der Verschiebung von X,Y:

   FUNCTION SHIFT(X,Y)

2. Bestimmung der Verschiebungszahl von B(IB+(K-1)*JB) und C(IC+(K-1)*JC) und Speicherung auf A(IA+(K-1)*JA), K=1,...,N. Im Falle N negativ wird der Betrag der Verschiebungszahlen gespeichert:

   SUBROUTINE SHIFTV(A,IA,JA,B,IB,JB,C,IC,JC,N)

3. Wie 2., jedoch C ist eine Zahl:

SUBROUTINE SHIFTX(A,IA,JA,B,IB,JB,X,N)

FUNCTION DIGIT(X)

DIGIT = Signifikanz von X.

Modifikation:

Berechnung der Signifikanz von B(IB+(K-1)*JB) mit Speicherung auf A(IA+(K-1)*JA), K=1,...,N:

SUBROUTINE DIGITV(A,IA,JA,B,IB,JB,N)

SUBROUTINE SAVEV(A,IA,JA,B,IB,JB,N)

Umspeichern der Elemente B(IB+(K-1)*JB) auf A(IA+(K-1)*JA), K=1,...,N. Im Falle N negativ werden die negativen Elemente umgespeichert.

Modifikationen:

1. B ist eine Zahl:

SUBROUTINE SAVEX(A,IA,JA,X,N)

2. Nullsetzen von A(IA+(K-1)*JA), K=1,...,N:

SUBROUTINE SAVEØ(A,IA,JA,N)

SUBROUTINE CROSS(A,IA,JA,B,IB,JB,N)

Vertauschung der Elemente A(IA+(K-1)*JA) und B(IB+(K-1)*JB), K=1,...,N. Im Falle N negativ wird -B zur Vertauschung herangezogen.

FUNCTION LOGICV(A,IA,JA,B,IB,JB,N)

Logischer Vergleich LT, LE,EQ, NE, GE, GT zwischen den Feldelementen aus A und B. Die allgemeine Form der Vergleiche lautet:

IFRSV(A,IA,JA,B,IB,JB,N).

Hierbei muß RS durch eine der Zeichenfolgen LT, LE, EQ, NE, GE, GT ersetzt werden. Bei positivem N wird die Anzahl der Feldelemente bestimmt, für die die logische Relation erfüllt ist. Im Falle N negativ wird der erste Index K bestimmt, bei dem A(IA+(K-1)*JA) und B(IB+(K-1)*JB) in der geforderten Relation stehen. Die Funktion hat den Wert Ø, falls N=Ø oder die geforderte Relation nie erfüllt ist.

Modifikationen:

1. B ist eine Zahl:

   FUNCTION LOGICX(A,IA,JA,X,N)

2. Logischer Vergleich gegenüber Ø:

   FUNCTION LOGICØ(A,IA,JA,N)

REAL FUNCTION MAXEL(IX,A,IA,JA,N)

Bestimmung des maximalen Elementes aus den Feldelementen von A. Auf IX wird der erste Index K ausgegeben, wo A(IA+(K-1)*JA) maximal wird. Im Falle N negativ wird das absolute Maximum bestimmt.

Modifikationen:

1. Speicherung des Maximums von B(IB+(K-1)*JB) und C(IC+(K-1)*JC) auf A(IA+(K-1)*JA), K=1,...,N:

   SUBROUTINE MAXELV(A,IA,JA,B,IB,JB,C,IC,JC,N)

   Im Falle N negativ wird das Maximum der Beträge gebildet.

2. In 1. ist C eine Zahl:

   SUBROUTINE MAXELX(A,IA,JA,B,IB,JB.X,N)

3. Die Zahl ist gleich Ø:

   SUBROUTINE MAXELØ(A,IA,JA,B,IB,JB,N)

REAL FUNCTION MINEL(IX,A,IA,JA,N)

Bestimmung des minimalen Elementes aus den Feldelementen von A. Auf IX wird der erste Index K ausgegeben, wo A(IA+(K-1)*JA) minimal wird. Im Falle N negativ wird das absolute Minimum bestimmt.

Modifikationen:

1. Speicherung des Minimums von B(IB+(K-1)*JB) und C(IC+(K-1)*JC) auf A(IA+(K-1)*JA), K=1,...,N; im Falle N negativ wird das Minimum der Beträge gebildet:

   SUBROUTINE MINELV(A,IA,JA,B,IB,JB,C,IC,JC,N)

2. In 1. ist C eine Zahl:

SUBROUTINE MINELX(A,IA,JA,B,IB,JB,X,N)

3. Die Zahl ist gleich Ø:

SUBROUTINE MINELØ(A,IA,JA,B,IB,JB,N)

FUNCTION RELDIF(IZ,A,IA,JA,B,IB,JB,N)

RELDIF mißt betragsmäßig den relativen Unterschied der Werte B(IB+(K-1)*JB) und A(IA+(K-1)*JA) (K=1,...,N) in der Form (B-A)/A und setzt in Abhängigkeit vom Vorzeichen von N den maximalen (N positiv) bzw. den minimalen (N negativ) Wert dieser Zahlen als Wert der Funktion. Bei Division durch Ø (Zähler ≠ Ø) wird eine große Zahl als relativer Unterschied genommen und dies durch Vorzeichenwechsel bei N angezeigt. Auf IZ wird der erste Index K ausgegeben, wo RELDIF angenommen wurde.

Modifikationen:

1. Relativer Unterschied zwischen zwei Zahlen X,Y:

   FUNCTION RELDIF(X,Y)

2. Relativer Unterschied zwischen zwei Zahlen X,Y mit Nullsetzung:

   FUNCTION RELDIZ(X,Y)

3. Berechnung des betragsmäßigen relativen Unterschiedes von C(IC+(K-1)*JC) und B(IB+(K-1)*JB) in der Form (C-B)/B mit Speicherung auf A(IA+(K-1)*JA), K=1,...,N:

   SUBROUTINE RELDIV(A,IA,JA,B,IB,JB,C,IC,JC,N)

   Im Falle N negativ wird der Betrag nicht gebildet.

4. Wie 3., jedoch mit Nullsetzung:

   SUBROUTINE RELDVZ(A,IA,JA,B,IB,JB,C,IC,JC,N)

5. In 3. ist C eine Zahl:

   SUBROUTINE RELDIX(A,IA,JA,B,IB,JB,X,N)

6. Wie 5., jedoch mit Nullsetzung:

   SUBROUTINE RELDXZ(A,IA,JA,B,IB,JB,X,N)

FUNCTION CANCEL(IZ,A,IA,JA,B,IB,JB,N)

CANCEL mißt die Auslöschung zwischen den Zahlen A(IA+(K-1)*JA) und B(IB+(K-1)*JB), K=1,...,N und setzt den maximalen dieser Werte als Wert der Funktion. Im Falle N positiv wird die Auslöschung bezüglich der Addition bestimmt, bei negativem N bezüglich der Subtraktion. Auf IZ wird der erste Index K ausgegeben, wo CANCEL angenommen wurde.

Modifikationen:

1. Auslöschung bezüglich der Subtraktion zwischen zwei Zahlen X,Y:

   FUNCTION CANCEL(X,Y)

2. Speicherung der Auslöschung von B(IB+(K-1)*JB) und C(IC+(K-1)*JC) auf A(IA+(K-1)*JA), K=1,...,N:

   SUBROUTINE CANCEV(A,IA,JA,B,IB,JB,C,IC,JC,N)

   Im Falle N positiv wird die Auslöschung bezüglich der Addition bei N negativ bezüglich der Subtraktion gespeichert.

3. In 2. ist C eine Zahl:

   SUBROUTINE CANCEX(A,IA,JA,B,IB,JB,X,N)

SUBROUTINE OPERV(A,IA,JA,B,IB,JB,C,IC,JC,N)

Es wird gebildet:

A(IA+(K-1)*JA) = B(IB+(K-1)*JB)'OPER' C(IC+(K-1)*JC), K=1,...,N,

wobei 'OPER' eine der Operationen +, *, / darstellt und entsprechend im Aufruf OPER = PLUS, MULT,DIV zu wählen ist. Im Falle N negativ wird aus der Addition eine Subtraktion, bei der Multiplikation das Produkt negativ und bei der Division der Quotient negativ genommen. Der Quotient wird Ø gesetzt, wenn der Zähler gleich Ø ist; falls durch Ø dividiert werden soll (Zähler ≠ Ø), wird der Quotient durch eine große Zahl ersetzt und dies durch Vorzeichenwechsel bei N angezeigt.

Modifikationen:

1. B ist eine Zahl:

   SUBROUTINE OPERX(A,IA,JA,X,C ,IC,JC,N)

2. Im Falle OPER = PLUS mit Nullsetzung:

SUBROUTINE PLUSVZ(A,IA,JA,B,IB,JB,C,IC,JC,N)

SUBROUTINE PLUSXZ(A,IA,JA,X,C,IC,JC,N)

SUBROUTINE ITERAT(A,IA,JA,B,IB,JB,X,C,IC,JC,Y,D,ID,JD,N)

Vektoroperationen mit variabler Parameteranzahl im Aufruf.
Allgemeiner Aufruf:

CALL ITERLK(A,IA,JA,B,IB,JB,X,C,IC,JC,Y,D,ID,JD,N),

wobei 'LK' zwei natürliche Zahlen bedeuten mit:

L = (Anzahl der Additionen)/N,

K = (Anzahl der Multiplikationen)/N.

Im aktuellen Aufruf dürfen nur die für die geforderten Operationen notwendigen Parameter vorkommen. Die folgende Tabelle gibt einen Überblick über die möglichen Varianten. Für die mit (Z) gekennzeichneten Routinen existieren Modifikationen mit Nullsetzung, die den allgemeinen Namen ITELKZ haben, z. B. ITE1ØZ(A,B,C,N):

	N positiv	N negativ
ITERØØ	A = B	A = -B
ITERØ1	A = B*X	
ITER1Ø (Z)	A = B + C	A = B - C
ITER11 (Z)	A = B*X + C	A = B*X - C
ITER12 (Z)	A = B*X + C*Y	
ITER20 (Z)	A = B + C + D	A = B + C - D
ITER21 (Z)	A = B*X + C + D	A = B*X + C - D
ITER22 (Z)	A = B*X + C*Y + D	A = B*X + C*Y - D

FUNCTION SCALAR(S,A,IA,JA,B,IB,JB,N)

Berechnung des Skalarproduktes von N Elementen aus zwei Feldern A, B plus S.

Modifikationen:

1. A = B, IA = IB, JA = JB:

   FUNCTION EUNORM(A,IA,JA,N)

2. EUNORM mit akkumulierender Summierung:

   FUNCTION EUNORC(A,IA,JA,N)

3. SCALAR mit akkumulierender Summierung:

   FUNCTION SCALAC(S,A,IA,JA,B,IB,JB,N)

4. SCALAR mit Nullsetzung:

   FUNCTION SCALAZ(S,A,IA,JA,B,IB,JB,N)

5. SCALAR mit akkumulierender Summation und Nullsetzung:

   FUNCTION SCALCZ(S,A,IA,JA,B,IB,JB,N)

6. Berechnung des Skalarproduktes zweier Felder A, B beginnend mit IA bzw. IB; das zweite Indexpaar ist dann IA+JA und IB+JB; im weiteren werden die Schrittweiten suk.essive korrigiert:
   JA = JA + KA, JB = JB + KB.
   Die Zahl N ist die Anzahl der beteiligten Elemente in einem Feld:

   FUNCTION SCALAØ(S,A,IA,JA,KA,B,IB,JB,KB,N)

7. In 6. gilt A = B, IA = IB, JA = JB, KA = KB:

   FUNCTION SCALA1(S,A,IA,JA,KA,N)

8. SCALAØ mit akkumulierender Summierung:

   FUNCTION SCALØC(S,A,IA,JA,KA,B,IB,JB,KB,N)

9. SCALAØ mit Nullsetzung:

   FUNCTION SCALØZ(S,A,IA,JA,KA,B,IB,JB,KB,N)

10. SCALAØ mit akkumulierender Summierung und Nullsetzung:

    FUNCTION SCAØCZ(S,A,IA,JA,KA,B,IB,JB,KB,N)

11. SCALA1 mit akkumulierender Summierung:

    FUNCTION SCAL1C(S,A,IA,JA,KA,N)

12. SCALA1 mit Nullsetzung:

    FUNCTION SCAL1Z(S,A,IA,JA,KA,N)

13. SCALA1 mit akkumulierender Summierung und Nullsetzung:

FUNCTION SCA1CZ(S,A,IA,JA,KA,N)

FUNCTION SUM(S,A,IA,JA,N)

Berechnung der Summe der Elemente A(IA), A(IA+JA),...,A(IA+(K-1)*JA) (K=1,...,N) plus S. Im Falle N negativ wird die Summe der Beträge gebildet.

Modifikationen:

1. SUM mit akkumulierender Summierung:

   FUNCTION SUMC(S,A,IA,JA,N)

2. SUM mit Nullsetzung:

   FUNCTION SUMZ(S,A,IA,JA,N)

3. SUM mit akkumulierender Summierung und Nullsetzung:

   FUNCTION SUMCZ(S,A,IA,JA,N)

SUBROUTINE MATRIX(A,IA,NA,MA,B,IB,LB,MB,C,IC,NC,LC,M,N,L)

Berechnung von Matrixoperationen:
Es wird gebildet: Für J=1,...,N, I=1,...,N:

A(IA+(J-1)*NA+(I-1)*MA) = Summe über K=1,...,L von

B(IB+(K-1)*LB+(I-1)*MB)*C(IC+(J-1)*NC+(K-1)*LC).

Die Berechnung erfolgt in drei Zyklen: dem innersten Zyklus (L-Zyklus), dem mittleren Zyklus (M-Zyklus) und dem äußeren Zyklus (N-Zyklus). Entsprechend sind LB und LC die Schrittweiten im L-Zyklus bezüglich der Felder B und C; analog für MA und MB sowie NA und NC. Folglich kann man die Indices wie folgt interpretieren:

NA ist die Schrittweite innerhalb einer Zeile von A,
MA ist die Schrittweite innerhalb einer Spalte von A,
LB ist die Schrittweite innerhalb einer Zeile von B,
MB ist die Schrittweite innerhalb einer Spalte von B,
NC ist die Schrittweite innerhalb einer Zeile von C,
LC ist die Schrittweite innerhalb einer Spalte von C.

Im Falle L negativ wird die Summe negativ genommen;
im Falle N negativ wird die Summe auf A aufaddiert;
im Falle N und M negativ wird beim Aufaddieren der Summe A negativ genommen.
Insgesamt können folgende Matrixoperationen ausgeführt werden:

A = BC, A = -BC, A = A + BC, A = A - BC, A = -A + BC, A = -A - BC

und jede mögliche Kombination davon durch Ersetzen einer oder mehrerer Matrizen durch ihre Transponierte oder Vektoren.

Beispiele für einige Standardfälle:

1. A(M)-Vektor = B(M,L)-Matrix mal C(L)-Vektor:
   CALL MATRIX(A,B,M,C,M,1,L).
2. A(N)-Vektor = B(L)-Vektor mal C(L,N)-Matrix:
   CALL MATRIX(A,B,C,L,1,N,L).
3. A(M,N)-Matrix = B(M,L)-Matrix mal C(L,N)-Matrix:
   CALL MATRIX(A,M,B,M,C,L,M,N,L).
4. A(M,N)-Matrix = B(L,M)-Matrix transponiert mal C(L,N)-Matrix:
   CALL MATRIX(A,N,B,1,L,C,L,M,N,L).
5. A(M,N)-Matrix = B(L,M)-Matrix transp. mal C(N,L)-Matrix transp.:
   CALL MATRIX(A,N,B,1,L,C,1,N,M,N,L).
6. A(M,N)-Matrix = B(M,L)-Matrix mal C(N,L)-Matrix transp.:
   CALL MATRIX(A,M,B,M,C,1,N,M,N,L).
7. A(M,N)-Matrix = A minus dem dyadischen Produkt aus einem B(M)-Vektor und einem C(N)-Vektor:
   CALL MATRIX(A,M,B,C,M,-N,-1).

Entsprechende Aufrufe sind auch möglich, wenn man Operationen mit Teilmatrizen aus größeren Matrizen auszuführen hat.

Modifikationen:

1. MATRIX mit akkumulierender Summierung:
   <u>SUBROUTINE MATRIC(A,IA,NA,MA,B,IB,LB,MB,C,IC,NC,LC,M,N,L)</u>
2. MATRIX mit Nullsetzung:
   <u>SUBROUTINE MATRIZ(A,IA,NA,MA,B,IB,LB,MB,C,IC,NC,LC,M,N,L)</u>

3. MATRIX mit akkumulierender Summierung und Nullsetzung:

SUBROUTINE MATRCZ(A,IA,NA,MA,B,IB,LB,MB,C,IC,NC,LC,M,N,L)

SUBROUTINE LOADR(L,PØ,P1,...,PL) (E)

Die Adressen der Parameter P1,...,PL werden markiert und nach PØ(1),...,PØ(L) gespeichert. Als Parameter können auch Adressen von Unterprogrammen oder Funktionen auftreten. Ist der Wert eines Parameters eine markierte Adresse, so wird diese in das PØ-Feld gespeichert. Ist der Wert von PØ(1) eine markierte Adresse, so werden die markierten Adressen ab dieser Adresse gespeichert.

FUNCTION FCALL(L,PØ,P1,...,PL) (E)

FCALL ruft die REAL FUNCTION PØ(P1,...,PL) auf. Ist der Wert eines Parameters eine markierte Adresse, so wird diese an PØ übergeben (Ohne Markierung). Ist PØ eine markierte Adresse, so wird zu dieser verzweigt.

SUBROUTINE UPCALL(L,PØ,P1,...,PL) (E)

UPCALL ruft die SUBROUTINE PØ(P1,...,PL) auf in analoger Weise wie FCALL.

INTEGER FUNCTION IFCALL(L,PØ,P1,...,PL) (E)

IFCALL ruft die INTEGER FUNCTION PØ(P1,...,PL) in analoger Weise wie FCALL auf.

Bemerkung zur Anwendung von LOADR, UPCALL, FCALL, IFCALL:
Diese Routinen dienen zur Verknüpfung von unabhängig erarbeiteten Programmen.
Dazu betrachten wir folgendes Beispiel.
In einer ausgetesteten Subroutine UP1 soll zur Anwendung auf ein spezielles Problem eine Subroutine UP2(X,Y,Z,UP3) aufgerufen werden, wobei die aktuellen Werte des Feldes X in UP1 und jene der Felder Y und Z in einer anderen Subroutine UP4 berechnet werden; außerdem möge die aktuelle Subroutine UP3 im Aufruf von UP2 in UP1 nicht

verfügbar sein; die Felder Y und Z mögen nicht in UP1 auftreten. Den Aufruf von UP2 in UP1 kann man wie folgt realisieren: In einem übergeordneten Programm (z. B. MAIN) werden mit LOADR die markierten Anfangsadressen in einen COMMON /UP2RUF/ IY,IZ,IUP3 geladen:

```
CALL LOADR(3,IY,Y,Z,UP3).
```

Dieser COMMON wird in UP1 vereinbart. Die aufzurufende Routine UP2 wird in UP1 als EXTERNAL vereinbart. Sodann kann der Aufruf von UP2 durch

```
CALL UPCALL(4,UP2,X,IY,IZ,IUP3)
```

realisiert werden.

SUBROUTINE SETRC(L,UP1,RC1,...,UPL,RCL) (E)

In den Moduln UP1,...UPL wird die charakteristische Maschinenzahl RC verwendet, die standardmäßig den Wert 1 hat. Durch diese Routine wird ihr in den Moduln UP1,...,UPL der Wert RC1,...,RCL zugewiesen.

SUBROUTINE SETCAN(L,UP1,C1,...,UPL,CL) (E)

Die Moduln UP1,...,UPL arbeiten mit Nullsetzung (ihr Name endet auf Z). Durch diese Routine wird dem standardmäßigen Wert für die Auslöschung in den Moduln UP1,...,UPL der Wert C1,...,CL zugewiesen.

Literatur:

[1] WILKINSON, J. H.: Rundungsfehler, Berlin-Heidelberg-New York 1963

NUMERISCHE UND RECHENTECHNISCHE BEHANDLUNG LINEARER GLEICHUNGSSYSTEME MIT POSITIV DEFINITEN, SYMMETRISCHEN MATRIZEN

D. Richter

0. Einführung

Die lineare Algebra gehört zu den ältesten Teilgebieten der Mathematik. Bereits GAUSS entwickelte Verfahren zur Lösung von Gleichungssystemen, die in ihren wesentlichen Bestandteilen noch heute verwendet werden. Wegen der vielen Additionen und Multiplikationen bei Matrixoperationen war es jedoch manuell unmöglich und wegen der Fehleranfälligkeit auch sinnlos, Aufgaben höherer Dimension zu lösen.
Die Entwicklung der Rechentechnik in den letzten Jahrzehnten hat es ermöglicht, daß Aufgaben der linearen Algebra sehr schnell abgearbeitet werden können. Dadurch ist die Grundlage vorhanden, iterative Prozesse zur Lösung komplizierter nichtlinearer Aufgaben durchführen zu können. In solchen Prozessen wird sehr häufig auf Bausteine aus der linearen Algebra zurückgegriffen.
Bei anspruchsvollen Verfahren kommt es nun nicht nur darauf an, daß die linearen Teilaufgaben überhaupt gelöst werden können, sondern daß bezüglich Robustheit, Rechenzeit und Genauigkeit hohe Ansprüche gestellt werden.
In der letzten Zeit wird diesen Fragen in der Literatur mehr und mehr Interesse geschenkt. Das gilt sowohl für anwendungsorientierte Numeriker als auch numerisch interessierte Informatiker.
Wir wollen uns in dieser Arbeit mit einigen Aspekten der Modularimplementierung befassen und Prinziplösungen vorstellen. Im Mittelpunkt stehen dabei Verfahren zur Gleichungsauflösung und Invertierung positiv definiter, symmetrischer Systeme.
Ebenfalls in der letzten Zeit haben die Fragen der Modularität mehr und mehr an Bedeutung gewonnen. Dies wurde notwendig, weil die Entwicklung von Programmsystemen und -paketen für verschiedene Aufgabenklassen einen immer größeren Umfang annimmt.
STETTER [9] nennt als geeignetes Konstruktionsprinzip für numerische Software die Gliederung in eine operative und eine kommunikative Schicht. Der Operationsteil besteht aus Moduln, die jeweils einen Algorithmus oder Teile davon ausführen.
Die Vorteile der modularen Programmierung liegen einmal darin, daß der benötigte Speicherplatz der Programme verringert und zum anderen die Programmierung selbst erleichtert wird. Beim letzteren kann auf schon

existierende Bausteine zurückgegriffen werden, und die einmal realisierten "Vorzüge" müssen nicht immer neu implementiert werden.
Deshalb kommt es bei der Schaffung von Moduln darauf an, daß diese universell nutzbar angelegt sind, aber gleichzeitig nicht an Effektivität verlieren.
Neben der Universalität wollen wir unter Effektivität von Moduln

- die benötigte Rechenzeit
- die erzielte Genauigkeit
- den benötigten Speicherplatz
- die Robustheit

verstehen.
Die Konstruktion von Moduln für das genannte Teilgebiet und ihre Nutzung zur Lösung bestimmter Probleme stehen nach einer kurzen Beschreibung der zu implementierenden Algorithmen im Mittelpunkt der Arbeit.

1. Numerische Methoden zur Lösung der Aufgaben

Im folgenden wollen wir kurz die Methoden zur Lösung von Gleichungssystemen und Invertierung von Matrizen beschreiben, wie sie auch in einschlägigen Literaturstellen ([1],[2],[3] oder [5]) zu finden sind.

Bei der Lösung von Gleichungssystemen geht es darum, daß eine reelle, positiv definite und symmetrische Matrix A (somit auch quadratisch) gegeben ist und für eine oder mehrere rechte Seiten, gegeben als Vektor b, eine Lösung x gesucht wird.
Wir wollen also das System

$$Ax = b \qquad (0.1)$$

lösen.
Dazu geht man in zwei Schritten vor:

1. Nach dem CHOLESKY-Theorem (vgl. auch [5]) gilt:
   Wenn A die obigen Eigenschaften hat, dann existiert eine reelle, nichtsinguläre untere Dreiecksmatrix L, so daß

$$A = LL^T. \qquad (0.2)$$

Wenn die Diagonalelemente von L stets als positiv angenommen werden, ist L eindeutig.

Somit ist im ersten Schritt die symmetrische Dekomposition durchzuführen, d. h. die untere Dreiecksmatrix L zu berechnen.

2. Wenn die untere Dreiecksmatrix L bekannt ist, kann das System (0.1) wie folgt in zwei Etappen gelöst werden:

- Lösung des Systems

$$Ly = b \tag{0.3}$$

- Lösung des Systems

$$L^T x = y \tag{0.4}$$

Daß x tatsächlich die Lösung von (0.1) ist, folgt aus der Beziehung

$$Ax = LL^T x = Ly = b.$$

Man überlegt sich leicht, daß das Lösen der Systeme (0.3) und (0.4) durch Vorwärts- bzw. Rückwärtssubstitution erfolgt.
Die Bestimmung der Matrix L kann dagegen der Beziehung (0.2) entnommen werden. Man erhält in Komponentenschreibweise:

$$a_{ij} = \sum_{k=1}^{j} l_{ik} l_{jk}$$

für $i=1,\ldots,n$; $j=1,\ldots,i$; n ist die Dimension der Matrizen A und L.
Daraus folgt:

$$l_{ij} = \frac{a_{ij} - \sum_{k=1}^{j-1} l_{ik} l_{jk}}{l_{jj}} \tag{0.5}$$

für $j \neq i$ und

$$l_{ii} = \sqrt{a_{ii} - \sum_{k=1}^{i-1} l_{ik}^2} \tag{0.6}$$

Je nach Aufgabenstellung ist auch eine alternative Dekomposition möglich. In dieser werden sogar die Quadratwurzeln vermieden, indem eine Zerlegung der Matrix A in eine untere Dreiecksmatrix $\tilde{L}$ mit $\tilde{l}_{ii} = 1$, $i=1,\ldots,n$, und eine Diagonalmatrix D der Art

$$A = \tilde{L} D \tilde{L}^T \tag{0.7}$$

durchgeführt wird.

Analog (0.5) und (0.6) läßt sich auch die Berechnung der Matrizen $\tilde{L}$ und D herleiten.
Zur Lösung von (0.1) hat man dann in den zwei Schritten

$$\tilde{L}y = b, \tag{0.8}$$

$$\tilde{L}^T x = D^{-1}y \tag{0.9}$$

vorzugehen. Man erhält mit x wegen

$$Ax = \tilde{L}D\tilde{L}^T x = \tilde{L}DD^{-1}y = \tilde{L}y = b$$

die Lösung von (0.1).

Zur Bestimmung der Inversen einer gegebenen Matrix A (obige Eigenschaften) sind verschiedene Wege möglich.
Der erste und zugleich aus dem bisherigen ableitbare Weg geht über die Lösung von n Gleichungssystemen der Art

$$Ax = e_i,$$

$i=1,\dots,n$, wobei e_i der i-te Einheitsvektor ist.
Dabei würde aber die spezielle Form der rechten Seiten nicht ausgenutzt werden.
Deshalb bietet sich eine zweite Möglichkeit an:
Man bestimme wie bisher die untere Dreiecksmatrix L.
Dann ist

$$A^{-1} = (L^T)^{-1}L^{-1} = (L^{-1})^T L^{-1}.$$

Nach der symmetrischen Dekomposition bleibt also zur Berechnung von A^{-1} die Inverse P von L zu bestimmen und das Produkt von P^T und P zu bilden.
Die Inverse P von L berechnet sich wie folgt:

$$p_{ii} = \frac{1}{l_{ii}},$$

$$p_{ji} = -\frac{\sum_{k=1}^{j-1} l_{jk}p_{ki}}{l_{jj}} \tag{0.10}$$

für $i=1,\ldots,n$ und $j=i+1,\ldots,n$.
Analog geht die Berechnung von A^{-1} auch, wenn man die Zerlegung von A gemäß (0.7) benutzt.

Zur Invertierung von A muß man nun aber nicht unbedingt die Dekomposition durchführen. Bei der GAUSS-JORDAN-Methode erfolgt die Berechnung der Inversen direkt.
Es sei wieder A die Matrix, die durch

$$y = Ax \tag{0.11}$$

eine Abbildung $R_n \longrightarrow R_n$ realisiert. Das Ziel ist es, die Umkehrabbildung zu bestimmen, d. h., im System (0.11) die Gleichung nach den Komponenten x_i $(i=1,\ldots,n)$ aufzulösen. Das geschieht in n sogenannten Austauschschritten ohne Pivotisierung, wobei im i-ten Schritt x_i durch y_i ausgetauscht wird. Dazu wird die nach (i-1) Schritten erzeugte Matrix $A^{(i-1)}$ wie folgt verändert:

$$\begin{aligned}
a_{ii}^{(i)} &= \frac{1}{a_{ii}^{(i-1)}}, \\
a_{ij}^{(i)} &= \frac{-\,a_{ij}^{(i-1)}}{a_{ii}^{(i-1)}} \qquad , \ j=1,\ldots,n;\ j\neq i\ , \\
a_{ki}^{(i)} &= \frac{a_{ki}^{(i-1)}}{a_{ii}^{(i-1)}} \qquad , \ k=1,\ldots,n;\ k\neq i\ , \\
a_{kj}^{(i)} &= a_{kj}^{(i-1)} - \frac{a_{ki}^{(i-1)}a_{ij}^{(i-1)}}{a_{ii}^{(i-1)}}
\end{aligned} \tag{0.12}$$

für $j=1,\ldots,n$; $k=1,\ldots,n$; $j\neq i$ und $k\neq i$.
Warum es unzweckmäßig ist, diese Methode zu implementieren, geht aus den Untersuchungen im Abschnitt 3 hervor.

2. Verwendung von Elementarmoduln

Gewisse Grundelemente numerischer Prozesse - die sogenannten innersten Zyklen - treten so häufig auf, daß sie allein aus dem Grunde von den konkreten Problemen abgetrennt werden können und für sich implementierbar sind.
Untersuchungen dazu liegen vor (vgl. [10]).
Wir stützen uns auf die existierende Bibliothek numerischer Grundelemente (ebenfalls [10]) und auf eine Menge von Indexoperationen, die in 2.3. näher erläutert werden.

2.1. Effektivität, Portabilität und Robustheit

Die durch die Bibliothek numerischer Grundmoduln erzielten Vorteile - Programmiererleichterungen, Verbesserung von Geschwindigkeit und Genauigkeit - und die Mittel dazu sind in [10] ausführlich beschrieben.
Neben den genannten Effekten bietet die Modulbibliothek als Grundlage für numerische Software noch weitere Vorteile. In zunehmenden Maße nimmt die Portabilität numerischer Software hinsichtlich verschiedener Maschinencharakteristiken an Bedeutung zu (vgl. dazu [8]). Auch wachsen die Anforderungen an die Robustheit von Bauelementen größerer Systeme. Diese Anforderungen können in den Elementarmoduln weitgehend berücksichtigt werden. So ist es möglich, Grundbedingungen an hardwaremäßig realisierte arithmetische Operationen (vgl. [7], [8]) so auszugleichen, daß sie für den Problemprogrammierer als erfüllt angenommen werden können.
Weiterhin ist es möglich, auf bestimmte Maschinencharakteristiken, die als Parameter durch ganze Programmsysteme geführt werden müssen, zu verzichten, wenn die Elementarmoduln maschinennah programmiert sind.
Ein Beispiel:
Von großer Bedeutung für numerische Prozesse (insbesondere für Vergleiche, Abschätzungen) ist der Parameter

$$\varepsilon_{mach} = \min \{ \varepsilon > 0 \; / \; 1 \text{ '+' } \varepsilon > 1 \}$$

('+' ist die Maschinenaddition).
Wenn man nun aber in Vergleichsmoduln (eventuell auch anderen) die Mantissen bzw. Wortlänge berücksichtigt, kann auf den Parameter ε_{mach} verzichtet werden.
Mit Sicherheit wird es nicht möglich sein, alle Anforderungen (Geschwindigkeit, Genauigkeit, Robustheit und Basis für Portabilität) gleichzeitig zu berücksichtigen.

Der Aufbau der Modulbibliothek gestattet jedoch, beliebige Elementarmoduln hinsichtlich der speziellen Anforderungen auszutauschen.

2.2. Numerische Elementarmoduln

Die im Programmsystem verwendeten Elementarmoduln sind sämtlich in [10] enthalten.
Im Anhang A1 werden die hier benötigten Moduln mit einer kurzen Inhaltsangabe genannt. Detaillierte Aussagen kann der Leser [10] entnehmen.

2.3. Operationen mit Indices

Durch die Universalität der zu entwickelnden Moduln und die Unabhängigkeit von der Abspeicherung der Felder (vgl. Abschnitt 3) wird es erforderlich, spezielle Strukturen durch Indexparameter zu beschreiben und diese Parameter beim Aufruf von Moduln niederer Ebenen entsprechend zu verändern.
Es machen sich daher Operationen mit Indices erforderlich, die die Gestalt von

- Indices setzen
- Indices umspeichern
- Indices addieren

haben. Diese Operationen als Menge von Anweisungen geschrieben, verzerren das Bild vom Wesentlichen in den Moduln, lassen mitunter die Länge der Unterprogramme selbst ansteigen und geben nicht die Möglichkeit der Variabilität zwischen solchen Operationen.
Aus diesen Gründen und Ermanglung spezieller Sprachelemente wurden kleine Routinen geschrieben, die eine bequeme Niederschrift der obigen Indexoperationen zulassen.
Es sind dies:

```
SUBROUTINE SETY(A1,A2,...,AL,Y,L)
```

mit der Menge von Anweisungen

```
A1 = Y
A2 = Y
 :
AL = Y
```

```
SUBROUTINE SAVEY(A1,B1,A2,B2,...,AL,BL,L)
```

mit den Anweisungen

```
A1 = B1
A2 = B2
   ⋮
AL = BL
```

und

```
SUBROUTINE PLUSY(A1,B1,A2,B2,...,AL,BL,L)
```

mit

```
A1 = A1 + B1
A2 = A2 + B2
   ⋮
AL = AL + BL.
```

Für eine zusammenhängende Menge können auch die Formen

```
SUBROUTINE SETZ(A,Z,L)
```

mit

```
A(1) = Z
     ⋮
A(L) = Z
```

```
SUBROUTINE SAVEZ(A,B,L)
```

mit

```
A(1) = B(1)
     ⋮
A(L) = B(L)
```

und

```
SUBROUTINE PLUSZ(A,B,L)
```

mit

$$A(1) = A(1) + B(1)$$
$$\vdots$$
$$A(L) = A(L) + B(L)$$

benutzt werden.
Für eine variable Gestaltung der Indexoperationen existiert

SUBROUTINE COUNT(IX,INDEX),

wo Komponenten des Feldes IX zu anderen Komponenten des gleichen Feldes addiert werden. Die Steuerung der Additionen erfolgt durch das Feld INDEX, dessen Belegung an beliebiger Stelle in einem Programmsystem erfolgen kann. Exakt führt COUNT aus:

```
IX(INDEX(2)) = IX(INDEX(2)) + IX(INDEX(3))
IX(INDEX(4)) = IX(INDEX(4)) + IX(INDEX(5))
                    :
IX(INDEX(2*INDEX(1))) = IX(INDEX(2*INDEX(1))) +
                        IX(INDEX(2*INDEX(1)+1)) .
```

Die Belegung von Feldern mit verschiedenen Werten kann durch

SUBROUTINE SETF(A,B1,B2,...,BL,L)

mit

```
A(1) = B1
A(2) = B2
   :
A(L) = BL
```

erfolgen.
Die zwei Routinen COUNT und SETF gestatten eine problemangepaßte Steuerung von Indexoperationen.
Alle in diesem Abschnitt beschriebenen Routinen sind nicht in die Modulbibliothek aufgenommen worden, weil sie keine numerischen Ope-

rationen für das jeweilige Verfahren ausführen und ihre Anwendbarkeit auf verschiedene Aufgabenklassen innerhalb der numerischen Mathematik noch nicht nachgewiesen ist.

3. Konstruktion von Bausteinen

3.1. Grundprinzipien

Gemäß [9] wollen wir uns in diesem Abschnitt mit der Ausfüllung der operativen Schicht numerischer Software für eine spezielle Aufgabenklasse befassen (Gleichungsauflösung und Invertierung positiv definiter Systeme). Dabei werden zwei Grundprinzipien beachtet, die unseres Erachtens wesentlich - zumindest in der linearen Algebra - für das Entstehen multivalent nutzbarer Moduln (Bausteine) sind:

1. Analyse der numerischen Verfahren
2. Unabhängigkeit von den Speicherbelegungsstrukturen der Felder

Wir werden weiter unten sehen, mit wie wenig Moduln konkrete Aufgaben im Rahmen der beschriebenen Zielstellung gelöst werden können.
Eine Menge von Moduln heiße abgeschlossen für eine Aufgabenklasse, wenn alle darin enthaltenen Probleme mit dieser Menge gelöst werden können, ohne daß ein wesentlicher Effektivitätsverlust eintritt.
Dabei sind Effektivitätsvergleiche wie folgt zu verstehen:
Ein Modul A sei wesentlich effektiver als ein Modul B für die gleiche Aufgabe, wenn der Mehraufwand im Modul B gegenüber Modul A für hohe Dimensionen nicht gegen 0 konvergiert.
Als operative Schicht für eine Aufgabenklasse können wir dann eine dafür abgeschlossene Menge von Moduln betrachten. Aufgabe einer kommunikativen Basis innerhalb der operativen Schicht muß es nun sein, durch geeignete Kompositionen und Indizierungen der Moduln dem (nur am Ergebnis interessierten) Nutzer Standard- oder auch Spezialvarianten zur Lösung der anstehenden Aufgaben anzubieten.
Als Programmiersprache wurde FORTRAN gewählt. Wenn das Problem der Sprachenverträglichkeit (etwa wie bei BESM-6) generell gelöst ist, können Nutzervarianten der Moduln auch aus anderen Programmiersprachen genutzt werden.
Für die Software der zu entwickelnden Bausteine ergeben sich zwei Formen der Parameterübergabe. Zum einen sind es die problembeschreibenden Größen, wie Matrizen, Lösungsvektoren, Dimensionsparameter u. a., die durch Parameterlisten von Routinen übergeben werden. Zum anderen

existiert noch die Menge von Indexparametern, die die Speicherstrukturen der Felder beschreiben. Für diese zweite Parametermenge wird weiter unten die Übergabe durch COMMON-Blöcke realisiert.
Denkbar sind auch andere Formen (etwa Konzentrierung der Indexparameter in einem Feld, das dann in der Parameterliste erscheint), das Grundprinzip jedoch bleibt das gleiche.
Für die bessere Übersicht bei den folgenden Betrachtungen sind eine Reihe von Standardisierungen eingeführt worden, um aus den Parameterbezeichnungen sofort auf den Inhalt schließen zu können. Wir wollen die Terminologie kurz erläutern.
Zunächst gehen wir einmal davon aus, daß alle Felder linear (eindimensional) vereinbart sind. Bei mehrdimensional vereinbarten Feldern muß die Speicherabbildung entsprechend beachtet werden.
Als Indentifikatoren von Feldern werden einzeln Symbole verwendet. Die Dimension der Probleme wird stets durch N und die Anzahl rechter Seiten von Gleichungssystemen durch IR bezeichnet.
Die nähere Beschreibung der Felder (Art der Abspeicherung) ist durch folgende Bezeichnungsregel gegeben:

bei Vektoren (vom Problem her eindimensionale Felder):

I 'Feldname' - Anfangsindex, d. h., erstes benutztes Element des Feldes

J 'Feldname' - Schrittweite, d. h., Abstand vom ersten zum zweiten zu benutzenden Element

K 'Feldname' - Änderung der Schrittweite in jedem Schritt

bei Matrizen (vom Problem her zweidimensionale Felder):

I 'Feldname' - wie oben

JS 'Feldname' - Schrittweite für den inneren Zyklus, d. h., Abstand vom ersten zum zweiten zu benutzenden Element der Reihen, die im innersten Zyklus durchlaufen werden

KS 'Feldname' - Änderung der Schrittweite zu JS 'Feldname' in jedem Schritt

JZ 'Feldname' - Schrittweite für den äußeren Zyklus, d. h., Abstand vom Beginn der ersten Reihe zum Beginn der zweiten Reihe, die im innersten Zyklus durchlaufen werden

KZ 'Feldname' - Änderung der Schrittweite zu JZ 'Feldname' in jedem Schritt

Wenn zwei Parameter gleicher Bedeutung benötigt werden, wird bei einem der letzte Buchstabe (Feldindikator) verdoppelt.

Mit dieser Art der Beschreibung von Vektoren und Matrizen ist es möglich, eine große Vielfalt von Speicherungsformen und Behandlungsweisen zu erfassen. Wie man sieht, hängt die Indizierung nicht nur von der Speicherungsart, sondern auch vom zur Anwendung kommenden Verfahren ab.

Nicht erfaßbar mit den obigen Parametern sind Matrizen, die in Diagonalform gespeichert sind. Dennoch wollen wir die Parametermenge nicht noch vergrößern (ein 4. Parameter bei Vektoren und ein 6. und ein 7. bei Matrizen würde auch dies ermöglichen), weil auf diese Weise die Universalität zur Absurdität geführt werden kann.

Alle anderen auftretenden Bezeichnungen in den COMMON-Blöcken sind Hilfsvariablen oder Blindvariablen, um bestimmte Strukturen zu garantieren.

Auf die Beschreibung der Analyse der Verfahren wird verzichtet. Vielmehr soll das Ergebnis - die modularen Bausteine - vorgestellt und gezeigt werden, wie damit die im Abschnitt 1 beschriebenen Probleme gelöst werden können.

Wir unterscheiden zwei Ebenen von Moduln. In der ersteren werden Elementarmoduln (SCALAO) zyklisch verwendet, und in der zweiten werden wiederum Zyklen über Moduln der ersten Ebene aufgebaut.

3.2. Moduln der ersten Ebene

Gegeben seien die n-dimensionalen Vektoren b und p sowie die Dreiecksmatrix

$$A = (a_{ij}) \text{ , } i=1,\dots,n, \text{ und o.B.d.A. } 1 \leqq j \leqq i.$$

Dann lassen sich die Verfahren (wie im Abschnitt 1 beschrieben) sämtlich aus den zwei Bausteinen

$$x_i = (b_i - \sum_{j=1}^{i-1} a_{ij} x_j) p_i \text{ ,} \tag{1.1}$$

$i=1,\dots,n$, und

$$x_i = \sum_{j=1}^{i} a_{ij} b_j \ , \qquad (1.2)$$

$i=1,\ldots,n$ und unter Verwendung von Elementarmoduln erzeugen.
Wir werden diese Behauptung im Abschnitt 4 nachweisen, indem die Verfahren dort konstruiert werden.
Hier wollen wir uns mit dem Aufbau der Bausteine (1.1) und (1.2) selbst befassen.
Inhaltlich erfolgt in (1.1) eine rekursive Erzeugung der x_i, wobei die Skalarprodukte einen Anfangswert bekommen und mit einer Zahl multipliziert werden. Wenn p die Hauptdiagonale von A und b eine rechte Seite eines Gleichungssystems mit der Dreiecksmatrix A ist, dann wird dieses durch (1.1) aufgelöst. In (1.2) wird nichts weiter als das Produkt einer Dreiecksmatrix A mit einem Vektor b ausgeführt.

Es folgen noch einige Bemerkungen zu den FORTRAN-Programmen, durch die (1.1) und (1.2) realisiert sind (vgl. Anhang A3, Routinen LES11 und LES12).
Mit Absicht ist bei allen Bausteinen der Name LES (Linear Equation System) mit der entsprechenden Nummerierung gewählt worden, um die Modularität und damit Unabhängigkeit von konkreten Problemen zum Ausdruck zu bringen.
Weiter ist zu erkennen, daß zur Übergabe der Indexparameter der gleiche COMMON-Block MODLS1 benutzt wird. Das ist möglich, da beide Moduln auf gleicher Ebene stehen. In diesem COMMON-Block wird durch H-Felder eine bestimmte Struktur eingehalten, deren Sinn erst bei der Übergabe von Parametern von der zweiten an die erste Ebene zu erkennen ist. MODLES ist ein COMMON-Block für Hilfsgrößen der 1. Ebene.
An beiden Routinen sehen wir, daß sie formal nach dem gleichen Schema aufgebaut sind:

- Programmkopf einschließlich Vereinbarung der COMMON-Blöcke
- Übergabe von Anfangswerten an die Hilfsgrößen
- Zyklus bestehend aus
  - . Numerische Berechnung eines Skalarproduktes
  - . Weiterzählen der Indexparameter
- Programmende

Wenn man sich mit SCALAO und XMY vertraut gemacht hat, die Definition von SAVEY und PLUSY (Abschnitt 2.3) beachtet sowie die Terminologie der Indexparameter (Abschnitt 3.1) zu Hilfe nimmt, kann man sich überlegen, daß durch die Routinen LES11 und LES12 die Beziehungen (1.1) und (1.2) genau erfüllt werden.

Einzige numerische Operation, über die der Zyklus läuft, ist das innere Produkt von Vektoren. Wenn man nun beachtet, daß wir mit LES11 und LES12 das gesamte eingangs genannte Aufgabenspektrum erfassen können, wird deutlich, welche eminent wichtige Rolle das innere Produkt hat.

3.3. Moduln der zweiten Ebene

Um die 4 entstandenen Bausteine wieder formal beschreiben zu können, sei gegeben:

- eine Dreiecksmatrix $A = (a_{ij})$, $i=1,\ldots,n$; $1 \leq j \leq i$
- ein Vektor $p = (p_i)$, $i=1,\ldots,n$,

ferner zwei Matrizen X und B (der Ordnung (n,r)).

Die Bausteine haben die folgende Form:

$$x_{ij} = (b_{ij} - \sum_{k=1}^{i-1} a_{ik}x_{kj})p_i \qquad (2.1)$$

für $i=1,\ldots,n$ und $j=1,\ldots,r$.

Im folgenden seien X und B Dreiecksmatrizen der Ordnung n.

$$x_{ij} = (b_{ij} - \sum_{k=j}^{i-1} a_{ik}x_{kj})p_i \qquad (2.2)$$

für $i=1,\ldots,n$ und $j=1,\ldots,i$;

$$\left.\begin{aligned} x_{ij} &= (a_{ij} - \sum_{k=1}^{j-1} x_{ik}x_{jk})p_j \\ p_j &= p_j(x_{jk},\ p_k,\ k=1,\ldots,j-1,\ a_{jj}) \end{aligned}\right\} \qquad (2.3)$$

für $i=1,\ldots,n$ und $j=1,\ldots,i-1$ und schließlich

$$x_{ij} = \sum_{k=1}^{j} a_{ik}a_{jk} \qquad (2.4)$$

für $i=1,\ldots,n$ und $j=1,\ldots,i$.

Was wird in den einzelnen Formen gemacht?

(2.1) ist eine Erweiterung von (1.1) dadurch, daß b (demzufolge auch x) ein zweidimensionales Feld geworden ist, also eine zyklische Ausführung von (1.1).

(2.2) ist ebenfalls eine Erweiterung von (1.1). Hier ist aber das b-Feld selbst wieder eine Dreiecksmatrix (also auch das x-Feld).

(2.3) stellt eine doppelt rekursive Entwicklung dar. Der als Hauptdiagonale interpretierbare Vektor p wird durch eine spezielle Funktion berechnet. Für die zur Anwendung kommenden Fälle sind es wieder im wesentlichen Skalarprodukte.

(2.4) ist das Produkt einer Dreiecksmatrix mit ihrer eigenen transponierten. Hier ist gesichert, daß das Ergebnis eine symmetrische Matrix ist, also als Dreiecksmatrix gespeichert werden kann.

Die Routinen LES21, LES22, LES23, LES24, die (2.1) bis (2.4) realisieren, sind im Anhang A4 zu finden. Analog zur ersten Ebene wird in allen Moduln der COMMON-Block MODLS2 zur Übergabe der Indexparameter an die zweite Ebene benutzt. Da nun aber in den 4 Moduln im wesentlichen die 2 Moduln der ersten Ebene zyklisch aufgerufen werden, müssen die entsprechenden Parameter an den COMMON-Block MODLS1 übergeben werden. Allein nur zu dem Zweck, möglichst viele zusammenhängende Parameter durch SAVEZ zu übermitteln, sind in MODLS1 durch Blindvariablen bestimmte Strukturen geschaffen worden. Die Plätze der Blindvariablen für die erste Ebene können aber in der zweiten Ebene als Hilfsspeicherplätze genutzt werden, so daß der strukturbedingte Platz nicht verloren ist und weitere Hilfsspeicherplätze für die zweite Ebene sich erübrigen.
An Hand der einheitlichen Notation in den COMMON-Blöcken kann man sofort erkennen, welche Werte wohin geschrieben werden. Strukturbedingte Freiplätze in MODLS2 sind wieder Blindplätze, können also erst in einer höheren Ebene als Hilfsspeicherplätze genutzt werden.

Die Struktur der Moduln dieser Ebene hat folgende Gestalt:

- Programmkopf einschließlich Vereinbarung der COMMON-Blöcke
- Übergabe von Indexparametern an die erste Modulebene
- Setzen von Anfangswerten für Hilfsgrößen
- Zyklus bestehend aus
  . Aufruf von Moduln der ersten Ebene und Elementarmoduln
  . Weiterzählen von Hilfsgrößen und Parametern der ersten Ebene
- Programmende

Daß durch die 4 Routinen LES21 bis LES24 tatsächlich auch die Beziehungen (2.1) bis (2.4) realisiert werden, wird wieder einsichtig, wenn man Klarheit über die Moduln der ersten Ebene und über die Notation in den COMMON-Blöcken hat.

4. Lösung von Aufgaben mit den entwickelten Moduln

4.1. Komposition der Verfahren aus den Bausteinen

In diesem Abschnitt wollen wir aus den Beziehungen (1.1) und (1.2) sowie (2.1) bis (2.4) die im Abschnitt 1 beschriebenen Verfahren erzeugen. Es geht hier um die inhaltliche Beschreibung der Verfahren, weniger um ihre programmtechnische Realisierung.

Dekomposition nach CHOLESKY (vgl. 0.2):

$$A = LL^T.$$

Dafür kann die Beziehung (2.3) angewendet werden, wenn $p_j \equiv l_{jj}$ (Hauptdiagonale) angenommen wird und wie folgt berechnet:

$$p_j = \frac{1}{\sqrt{a_{jj} - \sum_{k=1}^{j-1} x_{jk}^2}} .$$

Mit Hilfe von (0.5) und (0.6) kann man sich leicht von der Richtigkeit überzeugen.

Dekomposition in der Form (0.7) nach CHOLESKY:

$$A = \tilde{L}D\tilde{L}^T.$$

Auch hier ist die Lösung mit (2.3) möglich. p stellt in diesem Falle die Diagonalmatrix D dar und wird wie folgt berechnet:

$$p_j = \frac{1}{a_{jj} - \sum_{k=1}^{j-1} x_{jk}^2 p_k} .$$

Zusätzlich muß in jedem Schritt die entsprechende Zeile korrigiert werden durch

$$x_{jk} = x_{jk}p_k \qquad (k=1,\ldots,j-1).$$

Eine ausführliche Beschreibung der Methode befindet sich in [5], womit auch nachgewiesen werden kann, daß die beschriebene Dekomposition tatsächlich erreicht wird.

In den realisierten Programmen wird in der Berechnungsfunktion für p_j noch die Determinantenberechnung für die Matrix und ein Singularitätstest eingebaut sein.
Diese sind ein Nebenprodukt der Dekomposition und erfordern kaum Mehraufwand.

Gleichungsauflösung (0.3) mit r rechten Seiten:

$$Ly = b .$$

Dafür ist genau (2.1) geeignet, wenn p die Hauptdiagonale von L ist.

Gleichungsauflösung (0.4) mit r rechten Seiten:

$$L^T x = y .$$

Hier kann ebenfalls (2.1) angewendet werden. Der einzige Unterschied zu oben besteht darin, daß eine obere Dreiecksmatrix vorliegt, also nicht von x_{1j} nach x_{nj}, sondern umgekehrt die Berechnung erfolgt. Dies kann aber durch Indexparameter gesteuert werden.
Analog ist der Aufbau zur Lösung der Systeme $\tilde{L}y = b$ und $\tilde{L}^T x = D^{-1}y$.

Lösung des Systems (0.1):

$$Ax = b .$$

Nach der Dekomposition $A = LL^T$ ist das System $Ly = b$ und danach $L^T x = y$ zu lösen. Die Einzelschritte sind oben erläutert.

Invertierung von Matrizen in der Form:

$$A^{-1} = (L^T)^{-1}L^{-1} = (L^{-1})^T L^{-1} .$$

Nach Ausführung der Dekomposition $A = LL^T$ ist die untere Dreiecksmatrix L zu invertieren. Das ist möglich, indem die rechten Seiten eines Gleichungssystems als untere Einheitsmatrix angenommen werden. Dazu muß die untere Dreiecksmatrix als rechte Seite nicht bereitgestellt werden, sondern kann durch sogenannte Null- bzw. Eins-Felder der Länge 1 simuliert werden (möglich auf Grund der Feldbeschreibung durch Indexparameter).
Inhaltlich geschieht also die Invertierung der unteren Dreiecksmatrix

L durch (2.2), indem das b-Feld eine untere Einheitsmatrix, p wieder die Hauptdiagonale der zu invertierenden Matrix und x das Lösungsfeld ist. Das anschließende Produkt einer Dreiecksmatrix mit ihrer transponierten realisiert (2.4).
Die GAUSS-JORDAN-Methode (vgl. 0.11 und 0.12) zur Invertierung von Matrizen ist nicht in die Analyse der Verfahren mit einbezogen worden, weil keine Rückführung auf Skalarprodukte möglich ist. Dadurch sind insbesondere die durch geeignete Auswahl von inneren Produkten erreichten Genauigkeitsverbesserungen nicht realisierbar. Die GAUSS-JORDAN-Methode unterliegt deshalb im allgemeinen der weiter oben beschriebenen hinsichtlich der Genauigkeit, bringt aber auch keine Geschwindigkeitsvorteile.

4.2. Basis einer kommunikativen Schicht

Im allgemeinen wird man dem Nutzer nicht zumuten können, sich mit Hilfe der Moduln LES11 und LES12 sowie LES21 bis LES24 Verfahren selbst zusammenzustellen (die Möglichkeit jedoch wird ihm nicht verwehrt). Vielmehr kann der Modulentwickler durch Standardbelegung der Parameterblöcke sogenannte "nutzerfreundliche" Varianten bereitstellen.
Von Standardformen abweichende Spezialfälle können in ihrer Vielfalt nicht erfaßt werden. Hier müßten entsprechende Parameterbelegungen vom Anwender selbst geschaffen werden, oder er muß mit dem Modulentwickler korrespondieren, der ihm entsprechende Formen bereitstellen kann.
Das Belegen der Parameterblöcke ist Voraussetzung, um mit den Bausteinen arbeiten zu können. Aus diesem Grunde wird es auch als Basis einer kommunikativen Hülle bezeichnet.

Bevor später auf die Programmformen der verschiedenen Parameterbelegungen eingegangen wird, wollen wir zunächst am Beispiel der Lösung eines Gleichungssystems Ax = b mit der Dreiecksmatrix A (n-dimensional) und einer rechten Seite b die verschiedenen, alle als Standard zu bezeichnenden Formen erläutern und darstellen. Wir benutzen dazu die Notation in den späteren Programmen.
Es wird angenommen, daß die Vektoren b und x ab erstem Element und mit der konstanten Schrittweite 1 benutzt werden. Folgende Formen für die Matrix A sollen berücksichtigt werden:

SOUSK - A ist als untere Dreiecksmatrix spaltenweise gespeichert, d. h. die Spalten der unteren Dreiecksmatrix sind lückenlos (ohne Nullen) nacheinander gespeichert.

SOOZK - A ist als obere Dreiecksmatrix zeilenweise gespeichert.

SOUSQ - A ist in einer quadratischen Matrix, spaltenweise gespeichert, als untere Dreiecksmatrix enthalten

SOUZQ - A ist in einer quadratischen Matrix, zeilenweise gespeichert, als untere Dreiecksmatrix enthalten

SOOSQ - A ist in einer quadratischen Matrix, spaltenweise gespeichert, als obere Dreiecksmatrix enthalten

SOOZQ - A ist in einer quadratischen Matrix, zeilenweise gespeichert, als obere Dreiecksmatrix enthalten

Zur Lösung aller oben angegebenen Systeme wird der Baustein LES11 benutzt. Die Parameterbelegung wird in der folgenden Tabelle dargestellt:

Parameter in MODLS1	Standardformen SOUSK	SOUSQ	SOOZQ	SOOZK	SOUZQ	SOUSQ
IX	1	1	1	n	n	n
JX	1	1	1	-1	-1	-1
KX	0	0	0	0	0	0
IA	1	1	1	$\frac{n(n+1)}{2}$	n^2	n^2
JSA	n-1	n	1	-1	-1	-n
KSA	-1	0	0	0	0	0
JZA	1	1	n	-1	-n	-1
KZA	0	0	0	-1	0	0
IP	1	1	1	$\frac{n(n+1)}{2}$	n^2	n^2
JP	n	n+1	n+1	-2	-n-1	-n-1
KP	-1	0	0	-1	0	0
IB	1	1	1	n	n	n
JB	1	1	1	-1	-1	-1
KB	0	0	0	0	0	0

Bei einigen Standardfällen kommt es vor, daß sehr viele Parameter den Wert 0 erhalten. Dadurch werden dann eine Reihe von Weiterzähloperationen in den Bausteinen überflüssig in dem Sinne, daß ständig die Null addiert wird.
An dieser Stelle entsteht dann natürlich die Frage, ob nicht auf

Kosten der Universalität ein Effektivitätsverlust in Form von Rechengeschwindigkeit - insbesondere für niedere Dimensionen - eintritt. Diesem Problem wird so begegnet, daß eine Realisierung der Weiterzähloperationen geschaffen worden ist, wo nur die tatsächlich notwendigen Additionen ausgeführt werden. Das geschieht mit der Routine COUNT (vgl. Abschnitt 2.3). Die nötigen Informationen, welche Operationen notwendig sind, werden in den Standardbelegungsroutinen bereitgestellt. (Man vergleiche dazu die Beschreibung von SETF und COUNT). Weiterhin wird in den Standardbelegungsroutinen die jeweils letzte benutzte Standardform gemerkt, um bei häufigen Wiederholungen der gleichen Form Aufwand zu sparen.
Vergleichsteste haben ergeben (siehe auch 4.3), daß die hier beschriebene Form der Realisierung von Algorithmen über universelle Bausteine keinen Geschwindigkeitsnachteil gegenüber nicht so universellen Grundvarianten nach sich zieht (durch die Realisierung der Weiterzähloperationen mit Hilfe von COUNT und SETF auch nicht bei kleinen Dimensionen).
Wenn wir die kommunikative Basis noch einmal unterteilen wollen, dann wären die Routinen CHOL bis DREIT (siehe Anhang A5) als unmittelbare Basis zu bezeichnen. In ihnen erfolgt logisch nach der Parameterbelegung sofort der Aufruf des entsprechenden Bausteins.
Ausgehend von den zwei definierten Aufgaben der kommunikativen Basis (vgl. Abschnitt 3) haben wir es in den genannten Routinen - CHOL bis DREIT - nur mit der einen, nämlich der von der Speicherungsart abhängigen Belegung der Indexparameter zu tun.
Die zweite Aufgabe - die Komposition von Bausteinen zu numerischen Verfahren - erfolgt erst in den Routinen SOL bis SOLIRE (siehe Anhang A6). Dabei können Bausteine in ihrer ursprünglichen Form als auch Routinen der unmittelbaren Basis verwendet werden.
SOLIRE (Lösung von Gleichungssystemen mit iterativer Verbesserung) ist mehr als ein Bestandteil einer kommunikativen Basis. Es wird hier durch Komposition verschiedener Bausteine ein Algorithmus geschaffen, der nach Modularprinzipien auf einer höheren Ebene steht.

4.3. Testergebnisse

In den Tests zu den vorliegenden Programmen ging es um Aussagen zu den zwei Aspekten:

1. Wie wirkt sich die für die Universalität notwendige Erweiterung der Indexoperationen auf die Geschwindigkeit aus?
2. Welche Genauigkeiten können erreicht werden (insbesondere im Ver-

gleich zu den in [5] vorgestellten Testergebnissen)?

Zunächst wurde beim Einsatz der Moduln als Teilsystem zur Behandlung hochdimensionaler Matrizen festgestellt, daß beim Austausch der ursprünglichen Version (auf die Spezialgestalt der Matrizen zugeschnittene Unterprogramme) durch die hier beschriebene keine Geschwindigkeitsveränderungen meßbar waren.
Messungen wurden ebenfalls im entwickelten System direkt vorgenommen. Dabei sind die Moduln LES21 bis LES24 den Standardvarianten CHOL, SOLVE, INVERT und DREIT gegenübergestellt worden. Bei Wiederholung der gleichen Standardvariante entspricht der Aufwand denkbaren Spezialprogrammen.
Generell läßt sich einschätzen, daß die universellen Moduln einen Mehraufwand an Organisation nach sich ziehen, dieser aber durch das System der variablen Indexoperationen für Standardfälle völlig annuliert wird.
Daß diese Effekte auch noch bei relativ hohen Dimensionen feststellbar sind, liegt daran, daß innerhalb der Hauptzyklen viele kurze Skalarprodukte ausgeführt werden. Die anschließende Tabelle stellt einige Ergebnisse zusammen. Die angegebenen Zahlen sind Prozente, wobei die Meßzeiten mit den allgemeinen Moduln 100 gesetzt wurden.

Dimension N = 5:

LES23	100	CHOLSK	98,7	CHOLSQ	85,1
LES22	100	INUSK	86,4	INUSQ	77,0
LES24	100	DRESK	96,1	DRESQ	88,6

Dimension N = 30

LES23	100	CHOLSK	100	CHOLSQ	89,2
LES22	100	INUSK	92,5	INUSQ	84,6
LES24	100	DRESK	99,1	DRESQ	93,6

Dimension N = 70

LES23	100	CHOLSK	100	CHOLSQ	91,8
LES22	100	INUSK	95,7	INUSQ	89,7
LES24	100	DRESK	100	DRESQ	96,3

Bei den Genauigkeitstests ging es um den Vergleich zu den in [5] vorgestellten Ergebnissen und um den Einfluß verschiedener Skalarprodukte. In der nachfolgenden Tabelle sind die Ergebnisse bei der Inversion der 7-dimensionalen HILBERT-Matrix (vgl. dazu auch [5]) zusammengestellt worden.
Es werden nur das erste und das letzte Element der berechneten 1. Spalte der Inversen angegeben, weil diese Ergebnisse stellvertretend für die gesamte Matrix stehen können. Die Darstellung wird nach der 9. Ziffer abgebrochen. Auf den Exponenten wird verzichtet.

Methode	Mantisse 1. Element	Mantisse 7. Element	durchschn. rel. Fehler der Inv.
exakte Lösung	1.35975135	3.08000000	0
GAUSS-JORDAN auf TR-4 Computer mit 38 Bit Mantisse und Basis 16 (vgl. [5])	1.35976922	3.08012383	$7.09_{10}-5$
GAUSS-JORDAN auf BESM-6 mit 40 Bit Mantisse und Basis 2	1.35975467	3.08002043	$1.19_{10}-5$

Im folgenden ist LES22 angewendet worden, wobei nur verschiedene Skalarprodukte eingesetzt wurden.

Skalarprodukt als FORTRAN-Unterprogramm	1.35974498	3.07995748	$2.44_{10}-5$
Skalarprodukt mit gerundeter Multiplikation und Addition	1.35975329	3.07999625	$2.85_{10}-6$
Skalarprodukt mit akkumulierender Addition	1.35975080	3.07999806	$1.24_{10}-6$
Skalarprodukt doppeltgenau	1.35975137	3.07999985	$8.50_{10}-8$

Literatur:

[1] FADDEJEW, D. K., W. N. FADDEJEWA
Numerische Methoden der linearen Algebra,
2., berichtigte Auflage, Berlin 1970

[2] STOER, J.
Einführung in die numerische Mathematik I
Berlin, Heidelberg, New York 1972

[3] GASTINEL, N.
Lineare numerische Analysis
Berlin 1972

[4] WILKINSON, J. H.
Rundungsfehler
Berlin, Heidelberg, New York 1969

[5] WILKINSON, J. H. , C. H. REINSCH
Linear Algebra
Berlin, Heidelberg, New York 1971

[6] FORSYTHE, G. E., C. B. MOLER
Computer-Verfahren für lineare algebraische Systeme
München, Wien 1971

[7] REINSCH, C. H.
Building up a library of numerical algorithms: A case study from the Handbook "Linear Algebra"
Paper presentes at the first meeting of WG 2.5
at Oxford 1975

[8] Lecture Notes in Computer Science 57:
Portability of Numerical Software, Oak Brook 1976
(Proceedings)
Berlin, Heidelberg, New York 1976

[9] STETTER, H. J.
Numerik für Informatiker
München, Wien 1976

[10] HOLLATZ, H, D. RICHTER
Ein Modulsystem zur Implementierung numerischer Verfahren,
dieser Sammelband

Anhang

A1: Beschreibung der numerischen Elementarmoduln

Name	Inhalt
XMY	Produkt zweier Felder mit Rundung
SCALAO	inneres Produkt zweier Vektoren
CROSS	Austausch des Inhaltes zweier Vektoren
SAVEV	Übertragung des Inhaltes eines Feldes auf ein anderes
PLUSV	Addition zweier Vektoren komponentenweise
MAXEL	Bestimmung des maximalen Elementes eines Feldes
RELDIF	Ermittlung der relativen Differenz zwischen Vektorkomponenten
CANCEL	Ermittlung der Auslöschung zwischen Vektorkomponenten

A2: Beschreibung der Routinen für Indexoperationen

SUBROUTINE SETY(A1,A2,...,AL,Y,L)

Den Parametern A1,A2,...,AL wird der Wert Y zugewiesen.

SUBROUTINE SETZ(A,Z,L)

Den ersten L Elementen des Feldes A wird der Wert Z zugewiesen.

SUBROUTINE SETF(A,B1,B2,...,BL,L)

Den ersten L Elementen des Feldes A werden der Reihe nach die Werte B1,B2,...,BL zugewiesen.

SUBROUTINE SAVEY(A1,B1,A2,B2,...,AL,BL,L)

Den Parametern A1,A2,...,AL werden der Reihe nach die Werte B1,B2,...,BL zugeordnet.

SUBROUTINE SAVEZ(A,B,L)

Den ersten L Elementen des Feldes A werden der Reihe nach die ersten L Elemente des Feldes B zugeordnet.

SUBROUTINE PLUSY(A1,B1,A2,B2,...,AL,BL,L)

Zu den Parametern A1,A2,...,AL werden der Reihe nach die Werte B1,B2,...,BL addiert.

SUBROUTINE PLUSZ(A,B,L)

Zu den ersten L Elementen des Feldes A werden der Reihe nach die ersten L Elemente des Feldes B addiert.

SUBROUTINE COUNT(IX,INDEX)

Zu gewissen Elementen des Feldes IX werden andere Elemente des Feldes IX addiert. Die Steuerung erfolgt durch das Feld INDEX. INDEX(1) gibt an, wieviel Additionen ausgeführt werden. Im weiteren werden im Feld INDEX paarweise Indices vom Feld IX angegeben, wobei der zum letzten Index gehörende Feldwert zu dem zum ersten gehörenden addiert wird.

A3: Moduln der ersten Ebene

```
      SUBROUTINE LES11(X,A,P,B,S,N)
      DIMENSION X(1),A(1),P(1),B(1)
      COMMON/MODLS1/IX,JX,KX.H1(5),
     1              IA,JSA,KSA,JZA,KZA,IP,JP,KP,
     2              IB,JB,KB,H6(5),
     3              IST,INDEX(30)
      COMMON/MODLES/LX,LXX,LXXX,LA,LAA,LAAA,
     1              LP,LPP,LPPP,LB,LBB,LBBB
      LOGICAL IST
      DATA IST   /.FALSE./
C
C LES11 führt die Auflösung eines Gleichungssystems
C mit einer Dreiecksmatrix und einer rechten Seite
C durch. Im einzelnen sind:
C       X - Lösungsvektor
C       A - Dreiecksmatrix mit dem Platz für die
C           Hauptdiagonale, die aber nicht aus A
C           benutzt wird
C       P - Hauptdiagonale der Dreiecksmatrix A
C           (P darf in A enthalten sein)
C       B - rechte Seite
C       N - Ordnung des Problems
C  MODLS1 - COMMON-Block zur Beschreibung der Felder
C  MODLES - COMMON-Block für Hilfsspeicherplätze
C           der ersten Ebene
C     IST - logische Größe, die angibt, ob durch
C           eine vorgeschaltete Standardvariante
C           die notwendigen Weiterzähloperationen
C           festgelegt sind (zu Beginn sind sie es
C           noch nicht, deshalb  IST=.FALSE.
C           durch DATA)
C
      IF(IST)  GOTO 10
C
C Festlegung der Weiterzähloperationen im
C allgemeinen Fall
C
```

```
          CALL SETF(INDEX,8,1,2,2,3,4,5,5,6,7,8,8,9,
     1              10,11,11,12,17)
   10     CONTINUE
          IF(N.LE.0)   RETURN
C
C  Übergabe von Anfangswerten an die Hilfsgrößen
C
          CALL SAVEZ(LX,IX,3)
          LA=IA
          CALL SAVEZ(LAA,JZA,8)
C
C  erstes Produkt der Gleichungsauflösung
C
          X(LX)=XMY(P(LP),S)
          IF(N.EQ.1)   RETURN
C
C  erste Weiterzähloperation
C
          CALL COUNT(LX,INDEX)
C
C  Zyklus bestehend aus Skalarprodukt und
C  Weiterzähloperation
C
          DO 20 I=2,N
          X(LX)=XMY(P(LP),-SCALAO(-B(LB),A,LA,JSA,KSA,
     1              X,IX,JX,KX,I-1))
          CALL COUNT(LX,INDEX)
   20     CONTINUE
          RETURN
          END


          SUBROUTINE LES12(X,A,B,N)
          DIMENSION X(1),A(1),B(1)
          COMMON/MODLS1/IX,JX,KX,IH1(5),
     1                  IA,JSA,KSA,JZA,KZA,H6(3),
     2                  IB,JB,KB,H9(5),
     3                  IST,INDEX(30)
          LOGICAL IST
          COMMON/MODLES/LX,LLX,LLLX,LA,NN,HH,LLA,LLLA,
     1                  HH1(4)
          DATA IST   /.FALSE./
```

```
C
C LES12 führt das Produkt einer Dreiecksmatrix mit
C einem Vektor aus. Im einzelnen sind:
C       X - Resultatsvektor
C       A - Dreiecksmatrix mit Hauptdiagonale
C       B - Vektor, mit dem Produkt gebildet wird
C       N - Ordnung des Problems
C  MODLS1 - COMMON-Block zur Beschreibung der Felder
C  MODLES - COMMON-Block für Hilfsspeicherplätze
C           der ersten Ebene
C     IST - logische Größe, die angibt, ob durch
C           eine vorgeschaltete Standardvariante
C           die notwendigen Weiterzähloperationen
C           festgelegt sind (zu Beginn sind sie es
C           noch nicht, deshalb   IST=.FALSE.
C           durch DATA)
C
C Übergabe von Anfangswerten an die Hilfsgrößen
C
            CALL SAVEZ(LX,IX,3)
            CALL SAVEZ(LA,IA,5)
            NN=N+1
            IF(IST)   GOTO 10
C
C Festlegung der Weiterzähloperationen im
C allgemeinsten Fall
C
            CALL SETF(INDEX,4,1,2,4,7,2,3,7,8,9)
     10     CONTINUE
C
C Zyklus bestehend aus Skalarprodukt und
C Weiterzähloperation
C
            DO 20 I=1,N
            X(LX)=SCALAO(O.,A,LA,JSA,KSA,B,IB,JB,KB,NN-I)
            CALL COUNT(LX,INDEX)
     20     CONTINUE
            RETURN
            END
```

A4: Moduln der zweiten Ebene

```
      SUBROUTINE LES21(X,A,P,B,IR,N)
      DIMENSION X(1),A(1),P(1),B(1)
      COMMON/MODLS2/IX,JSX,H1,JZX,H2(4),
     1              IA,JSA,KSA,JZA,KZA,IP,JP,KP,
     2              IB,JSB,H6,JZB,H7(4),
     3              IST2,INDEX2(40),MSTA
      COMMON/MODLS1/IXX,JX,KX,HH1(5),
     1              IAA,JSAA,KSAA,JZAA,KZAA,IPP,
     2              JPP,KPP,IBB,JB,KB,HH6(5),
     3              IST1,INDEX1(30)
      LOGICAL IST1,IST2
      DATA  IST2 /.FALSE./
C
C LES21 führt die Gleichungsauflösung mit einer
C Dreiecksmatrix und beliebiger Anzahl rechter Seiten
C aus. Im einzelnen sind:
C        X - Lösungsmatrix des Problems
C        A - Dreiecksmatrix mit dem Platz für die
C            Hauptdiagonale, die aber nicht aus A
C            benutzt wird
C        P - Hauptdiagonale der Dreiecksmatrix A
C            (P darf in A enthalten sein)
C        B - Matrix der rechten Seiten
C       IR - Anzahl der rechten Seiten
C   MODLS2 - COMMON-Block zur Beschreibung der Felder
C            in der zweiten Ebene
C   MODLS1 - COMMON-Block zur Beschreibung der Felder
C            in der ersten Ebene
C     IST1 - logische Größe, die angibt, ob durch
C            eine vorgeschaltete Standardvariante die
C            notwendigen Weiterzähloperationen
C            für die erste Ebene festgelegt sind
C     IST2 - logische Größe für die zweite Ebene
C            (analog IST1)
C
C Übergabe der Anfangswerte an die erste Ebene
C
```

```
      CALL SAVEZ(IXX,IX,18)
      KX=0
      IF(IST1)   GOTO 10
      IST1=.TRUE.
C
C Festlegung der Weiterzähloperationen für die
C erste Ebene
C
      CALL SETF(INDEX1,6,1,2,4,5,5,6,7,8,8,9,10,11,13)
      MSTA=5HLES21
   10 CONTINUE
C
C Zyklus, bestehend aus Aktivierung von Moduln der
C ersten Ebene und Weiterzähloperationen in der
C zweiten Ebene
C
      DO 20 I=1,IR
      CALL LES11(X,A,P,B,B(IBB),N)
      IXX=IXX+JZX
      IBB=IBB+JZB
   20 CONTINUE
      IST1=.FALSE.
      RETURN
      END


      SUBROUTINE LES22(X,A,P,B,Q,IR,N)
      DIMENSION X(1),A(1),P(1),B(1),Q(1)
      COMMON/MODLS2/IX,JSX,KSX,JZX,KZX,H1(3),
     1                 IA,JSA,KSA,JZA,KZA,IP,JP,KP,
     2                 IB,JSB,KSB,JZB,KZB,IQ,JQ,KQ,
     3                 IST2,INDEX2(40),MSTA
      COMMON/MODLS1/IXX,JX,KX,JSZX,KSZX,JSZA,KSZA,NN,
     1                 IAA,JSAA,KSAA,JZAA,KZAA,IPP,
     2                 JPP,KPP,IBB,JB,KB,JSZB,KSZB,
     3                 LQ,LLQ,LLLQ,IST1,HH(30)
      LOGICAL IST1,IST2
      DATA  IST2 /.FALSE./
C
C LES22 führt die Gleichungsauflösung mit einer
C Dreiecksmatrix und als rechte Seite ebenfalls einer
```

```
C  Dreiecksmatrix aus. Im einzelnen sind:
C        X - Dreiecksmatrix für die Lösung des Problems
C        A - Dreiecksmatrix mit dem Platz für die
C            Hauptdiagonale, die aber nicht aus A
C            benutzt wird
C        P - Hauptdiagonale der Dreiecksmatrix A
C            (P darf in A enthalten sein)
C        B - Dreiecksmatrix der rechten Seiten mit
C            dem Platz für die Hauptdiagonale, die
C            aber nicht aus B benutzt wird
C        Q - Hauptdiagonale der Dreiecksmatrix B
C            (darf in B enthalten sein)
C       IR - Anzahl der rechten Seiten
C        N - Ordnung des Problems
C   MODLS2 - COMMON-Block zur Beschreibung der Felder
C            in der zweiten Ebene
C   MODLS1 - COMMON-Block zur Beschreibung der Felder
C            in der ersten Ebene
C     IST1 - logische Größe, die angibt, ob durch
C            eine vorgeschaltete Standardvariante die
C            notwendigen Weiterzähloperationen
C            für die erste Ebene festgelegt sind
C     IST2 - logische Größe für die zweite Ebene
C            (analog IST1)
C
C  Übergabe der Anfangswerte an die erste Ebene
C
            CALL SAVEZ(IXX,IX,24)
            CALL SAVEY(JSZA,JZA,KSZA,KZA,NN,N,3)
            CALL PLUSY(JSZX,JSX,JSZB,JSB,JSZA,JSA,KSZX,
          1           KSX,KSZB,KSB,KSZA,KSA,NN,1,7)
            IF(IST2)  GOTO 10
C
C  Festlegung der allgemeinen Form von
C  Weiterzähloperationen für die zweite Ebene
C
            CALL SETF(INDEX2,13,1,4,9,6,17,20,14,15,22,23,
          1           23,24,4,5,2,3,20,21,18,19,6,7,
          2           10,11,15,16,27)
            MSTA=5HLES22
   10       IST2=.FALSE.
```

```
C
C Zyklus, bestehend aus Aktivierung von Moduln der
C ersten Ebene und Weiterzähloperationen in der
C zweiten Ebene
C
              DO 20 I=1,IR
              CALL LES11(X,A,P,B,Q(LQ),NN-I)
              CALL COUNT(IXX,INDEX2)
              IST1=.TRUE.
       20     CONTINUE
              IST1=.FALSE.
              RETURN
              END


              SUBROUTINE LES23(X,R,A,P,N)
              DIMENSION X(1),R(1),A(1),P(1)
              COMMON/MODLS2/IX,JSX,KSX,JZX,KZX,IR,JR,KR,
        1                   IA,JSA,KSA,JZA,KZA,IP,JP,KP,
        2                   H1(8),IST2,INDEX2 (40),MSTA
              COMMON/MODLS1/IXX,JX,KX,JZXX,KZXX,LR,LLR,LLLR,
        1                   IAA,JSAA,KSAA,JZAA,KZAA,IPP,
        2                   JPP,KPP,IB,JB,KB,LZA,HH,LP,LLP,
        3                   LLLP, IST1 , INDEX1(30)
              COMMON/MODDET/D,L,ISTEP,US,OS,COR,REGUL,HD(3)
              LOGICAL IST1,IST2
              DATA  IST2 /.FALSE./
C
C LES23 führt die Zerlegung einer symmetrischen Matrix
C in das Produkt einer Dreiecksmatrix mit ihrer
C Transponierten aus. Über die Art der Berechnung
C der Diagonalelemente (durch DIAGEL) können
C verschiedene Varianten ausgeführt werden.
C Im einzelnen sind:
C          X - Dreiecksmatrix mit dem Platz für die
C              Hauptdiagonale, die aber nicht aus X
C              benutzt wird
C          R - Hauptdiagonale von X (darf in X enthalten
C              sein)
C          A - symmetrische, zu zerlegende Matrix,
C              die auch als Dreiecksmatrix gespeichert
```

```
C              werden kann (als solche in jedem Fall
C              auch nur benutzt wird)
C              A ist in jedem Fall mit dem Platz für
C              die Hauptdiagonale gespeichert
C            P - Hauptdiagonale von A (darf in A enthalten
C              sein)
C            N - Ordnung des Problems
C       MODLS2 - COMMON-Block zur Beschreibung der Felder
C              in der zweiten Ebene
C       MODLS1 - COMMON-Block zur Beschreibung der Felder
C              in der ersten Ebene
C       MODDET - siehe FAIL
C         IST1 - logische Größe, die angibt, ob durch
C              eine vorgeschaltete Standardvariante
C              die notwendigen Weiterzähloperationen
C              für die erste Ebene festgelegt sind
C         IST2 - logische Größe für die zweite Ebene
C              (analog IST1)
C
C  Übergabe der Anfangswerte an die erste Ebene
C
               CALL SAVEZ(IXX,IX,8)
               CALL SAVEZ(IAA,IX,16)
               IF(IST2)   GOTO 10
C
C  Festlegung der allgemeinen Form von
C  Weiterzähloperationen für die zweite Ebene
C
               CALL SETF(INDEX2,8,1,4,17,20,6,7,22,23,4,5,
          1              20,13,7,8,23,24,17)
               MSTA=5HLES23
       10      CONTINUE
C
C  Zyklus, bestehend aus Moduln der ersten Ebene,
C  Berechnungsroutine der Diagonalelemente und
C  Weiterzähloperationen
C
               DO 20 I=1,N
               CALL LES11(X,X,R,A,A(IB),I-1)
               CALL DIAGEL(X,IXX,JX,KX,R,IR,JR,KR,R(LR),
          1              P(LP),I-1)
```

```
      IF(REGUL.LT.0.0)   GOTO 30
      CALL COUNT(IXX,INDEX2)
      IST1=.TRUE.
20    CONTINUE
30    CONTINUE
      IST1=.FALSE.
      IST2=.FALSE.
      RETURN
      END


      SUBROUTINE DIAGEL(X,IX,JX,KX,R,IR,JR,KR,RR,PP,N)
      DIMENSION X(1),R(1)
      COMMON/MODDET/D,L,ISTEP,US,OS,COR,REGUL,H(3)
C
C DIAGEL berechnet die Diagonalelemente für den Modul
C LES23.
C Hiermit können verschiedene Varianten für die
C Zerlegung von Matrizen gesteuert werden.
C In der vorliegenden wird eine Zerlegung nach CHOLESKY
C in der Form A = LL(transponiert)
C ausgeführt. Im einzelnen sind:
C          X - Zeile der Dreiecksmatrix
C         IX - Anfangsindex für X
C         JX - Schrittweite für X,d. h.Abstand vom
C              ersten zum zweiten zu benutzenden Element
C         KX - Änderung der Schrittweite in jedem Schritt
C          R - Hauptdiagonale der zu entwickelnden
C              Dreiecksmatrix
C         IR - Anfangsindex für R
C         JR - Schrittweite
C         KR - Änderung der Schrittweite in jedem Schritt
C         RR - berechnetes Hauptdiagonalelement
C         PP - Hauptdiagonalelement der Ausgangsmatrix
C     MODDET - siehe FAIL
C durch FAIL und DETER wird ein Singularitätstest bzw.
C Determinantenberechnung für die Matrix durchgeführt.
C Zusätzliche Besonderheiten können ebenfalls
C untergebracht werden.
C
```

```
      S=-SCALA1(-PP,X,IX,JX,KX,N)
      CALL FAIL(S)
      IF(REGUL.LT.O.O)   RETURN
      CALL DETER(S)
      RR=1.O/SQRT(S)
      RETURN
      END


      SUBROUTINE FAIL(X)
      COMMON/MODDET/D,L,ISTEP,US,OS,COR,REGUL,H(3)
      DATA D,L,ISTEP,US,OS,COR,REGUL
     1    /O.5,1,O,-1E-12,1E-12,1E-12,1./
C
C FAIL führt einen Singularitätstest durch und reagiert
C auf eine hier definierte Weise. Die Reaktion kann durch
C Änderung von FAIL wie gewünscht eingestellt
C werden. Im einzelnen sind:
C          X - berechneter Hauptdiagonalwert
C     MODDET - COMMON-Block für Steuergrößen
C        D,L - berechnete Determinante in der Form D**2**L
C      ISTEP - Spaltenzähler für die Matrix
C         US - untere Schranke für die Korrekturfähigkeit
C              einer eingetretenen Singularität
C         OS - untere Schranke für die Regularität
C        COR - Wert, auf den korrigierte Hauptdiagonalwerte
C              gesetzt werden
C      REGUL - Informationsträger über festgestellte
C              Singularität
C       H(3) - freie Plätze
C
      ISTEP=ISTEP+1
      IF(X.GE.OS)   RETURN
      IF(X.LT.US)   GOTO 10
      PRINT 1,ISTEP,X,COR
    1 FORMAT('::::BERECHNETER HAUPTDIAGONALWERT WIRD',
     1     ' IN DER',I4,'TEN SPALTE VON',E20.12,
     2     '  AUF',E20.12,'  KORRIGIERT:::')
      X=COR
      RETURN
   10 CONTINUE
```

```
      PRINT 2,ISTEP,X
    2 FORMAT(/,':::: ABBRUCH DER RECHNUNG, WEIL',
     1       'HAUPTDIAGONALWERT IN DER',I4,'TEN SPALTE = ',
     2       E20.12,'   :::')
      REGUL=-1.
      RETURN
      END

C           SUBROUTINE DETER(X)
C
C DETER ist ein Assembler-Unterprogramm und
C berechnet das Produkt aus dem Hauptdiagonalwert
C und der schon berechneten Teildeterminante.
C Sämtliche Zwischenergebnisse haben die Form  D*2**L,
C wobei 0,5.LE.D.LT.1. DETER verwendet ebenfalls
C den COMMON-Block MODDET.


      SUBROUTINE LES24(X,A,N)
      DIMENSION X(1),A(1)
      COMMON/MODLS2/IX,JSX,KSX,JZX,KZX,H1(3)
     1              IA,JSA,KSA,JZA,KZA,H4(11),
     2              IST2,INDEX2(40),MSTA
      COMMON/MODLS1/IXX,JX,KX,JSZX,KSZX,HH1(2),NN,
     1              IAA,JSAA,KSAA,JZAA,KZAA,HH3(3),
     2              IB,JB,KB,HH6(5),
     3              IST1,INDEX1(30)
      LOGICAL IST1,IST2
      DATA  IST2 /.FALSE./
C
C LES24 berechnet das Produkt einer Dreiecksmatrix
C mit ihrer Transponierten. Im einzelnen sind:
C       X - Ergebnis des Produktes als symmetrische
C           Matrix in einer Dreiecksmatrix gespeichert,
C           mit Hauptdiagonalen
C       A - Dreiecksmatrix mit Hauptdiagonalen
C       N - Ordnung des Problems
C  MODLS2 - COMMON-Block zur Beschreibung der Felder
C           in der zweiten Ebene
C  MODLS1 - COMMON-Block zur Beschreibung der Felder
C           in der ersten Ebene
```

```
C      IST1 - logische Größe, die angibt, ob durch
C             eine vorgeschaltete Standardvariante
C             die notwendigen Weiterzähloperationen
C             für die erste Ebene festgelegt sind
C      IST2 - logische Größe für die zweite Ebene
C             (analog IST1))
C
C Übergabe der Anfangswerte an die erste Ebene
C
              CALL SAVEZ(IXX,IX,13)
              CALL SAVEZ(IB,IA,3)
              CALL PLUSY(JSZX,JSX,KSZX,KSX,2)
              NN=N+1
              IF(IST2)   GOTO 10

C Festlegung der allgemeinsten Form von
C Weiterzähloperationen für die zweite Ebene
C
              CALL SETF(INDEX2,5,1,4,9,12,17,12,4,5,12,13,11)
              MSTA=5HLES24
       10     IST2=.FALSE.
C
C Zyklus, bestehend aus Aktivierung von Moduln der
C ersten Ebene und Weiterzähloperation in der 2. Ebene
C
              DO 20 I=1,N
              CALL LES12(X,A,A,NN-I)
              CALL COUNT(IXX,INDEX2)
              IST1=.TRUE.
       20     CONTINUE
              IST1=.FALSE.
              RETURN
              END
```

```
      SUBROUTINE CHOL (A,B,N)
      DIMENSION A(1),B(1)
      COMMON/MODLS2/IX,JSX,KSX,JZX,KZX,IR,JR,KR,
     1              IA,JSA,KSA,JZA,KZA,IP,JP,KP,
     2              H1(8),IST2,INDEX2(40),MSTA
      COMMON/MODLS1/HH(24),IST1,INDEX1(30)
      LOGICAL IST1,IST2
      DATA MK,MQ /6HCHOLSK,6HCHOLSQ/
C
C CHOL stellt Standardvarianten zur symmetrischen
C Dekomposition bereit (nach CHOLESKY). Es wird der
C Baustein LES23 aktiviert.
C Für den Anwender sind die folgenden Parameter
C zu beachten.
C        A - Ergebnis der Dekomposition
C        B - zu zerlegende Matrix (Eingangsmatrix)
C        N - Ordnung der Matrizen
C Die Felder A und B dürfen zusammenfallen.
C Über ENTRYS (mit der obigen Parameterliste) kann
C für verschiedene Speicherungsformen die Dekomposition
C durchgeführt werden.
C   CHOLSK - die Matrizen A und B sind als untere
C            Dreiecksmatrizen spaltenweise kompakt
C            gespeichert (d.h., A wird ohne die Nullen
C            der oberen Dreiecksmatrix und B ohne den
C            oberen Teil der symmetrischen Matrix
C            gespeichert).
C   CHOLSQ - die Matrizen A und B sind als untere
C            Dreiecksmatrizen in einer spaltenweise
C            gespeicherten quadratischen Matrix
C            enthalten (der Platz für den oberen
C            Dreiecksteil wird zwar freigehalten, aber
C            nicht zur Berechnung herangezogen bzw.
C            nicht durch Nullen belegt).
C Die Hauptdiagonalwerte von A werden durch ihre
C reziproken Werte ersetzt.
C
```

```
          ENTRY CHOLSK
          CALL SAVEY(JP,N,JR,N,JSX,N-1,JSA,N-1,4)
          IF(MSTA.EQ.MK)   GOTO 100
          CALL SETY(KSX,KR,KSA,KP,-1,4)
          KZX=0
          CALL SETF(INDEX2,6,1,4,17,20,6,7,22,23,7,8,
     1             23,24,13)
          MSTA=MK
   10     CONTINUE
          CALL SETY(IX,JZX,IR,IA,JZA,IP,1,6)
  100     IST2=.TRUE.
          CALL LES23(A,A,B,B,N)
          RETURN
          ENTRY CHOLSQ
          CALL SAVEY(JR,N+1,JP,N+1,JSX,N,JSA,N,KSX,0,
     1              KSA,0,6,)
          IST1=.TRUE.
          IF(MSTA.EQ.MQ)   GOTO 100
          CALL SETF(INDEX2,4,1,4,17,20,6,7,22,23,9)
          CALL SETF(INDEX1,4,1,2,4,5,7,8,10,11,9)
          MSTA=MQ
          GOTO 10
          END


          SUBROUTINE SOLVE(X,A,B,IR,N)
          DIMENSION X(1),A(1),B(1)
          COMMON/MODLS2/IX,JSX,KSX,JZX,KZX,H1(3),
     1                  IA,JSA,KSA,JZA,KZA,IP,JP,KP,
     2                  IB,JSB,KSB,JZB,KZB,IQ,JQ,KQ,
     3                  IST2,INDEX2(40),MSTA
          DATA IH /0/
C
C  SOLVE stellt Standardvarianten zur Auflösung von
C  Dreiecksmatrizen bereit. Es wird der Baustein LES21
C  verwendet.
C  Für den Anwender sind die folgenden Parameter zu
C  beachten.
C          X - Lösungsmatrix des Systems
C          A - Koeffizientenmatrix
C          B - Matrix der rechten Seiten
```

```
C         IR - Anzahl der rechten Seiten
C          N - Dimension des Problems
C  Die rechte Seite darf durch die Ergebnisse
C  überschrieben werden.
C  Über ENTRYS (mit der obigen Parameterliste) kann
C  für verschiedene Speicherungsformen die Gleichungs-
C  auflösung durchgeführt werden.
C     SOUSK - A ist als untere Dreiecksmatrix
C             spaltenweise kompakt (ohne Nullen)
C             gespeichert
C     SOUSQ - A ist als untere Dreiecksmatrix in einer
              spaltenweise gespeicherten quadratischen
C             Matrix enthalten
C     SOOZK - A ist als obere Dreiecksmatrix zeilenweise
C             kompakt gespeichert (ohne Nullen)
C     SOOSQ - A ist als obere Dreiecksmatrix in einer
C             spaltenweise gespeicherten quadratischen
C             Matrix enthalten
C     SOOZQ - A ist als obere Dreiecksmatrix in einer
C             zeilenweise gespeicherten quadratischen
C             Matrix enthalten
C  In allen Fällen sind die rechten Seiten und Lösungen
C  spaltenweise angeordnete Matrizen.
C  Die ENTRYS mit den obigen Namen plus einer Eins
C  stellen die entsprechenden Standardvarianten mit dem
C  Unterschied dar, daß die Hauptdiagonalelemente durch
C  ihre Reziproken ersetzt sind.
C
            ENTRY SOUSK
            IH=1
            ENTRY SOUSK1
            CALL SAVEY(KSA,-1,KP,-1,JP,N,JSA,N-1,4)
      10    CONTINUE
            CALL SETY(IX,JSX,IA,JZA,IP,IB,JSB,1,7)
            CALL SAVEY(KZA,0,JZB,N,JZX,N,3)
      20    CONTINUE
            IF(IH.EQ.1)   CALL REZI(A,IP,JP,KP,N)
            CALL LES21(X,A,A,B,IR,N)
            IH=0
            RETURN
            ENTRY SOUSQ
```

```
      IH=1
      ENTRY SOUSQ1
      CALL SAVEY(KSA,0,KP,0,JSA,N,JP,N+1,4)
      GOTO 10
      ENTRY SOOZK
      IH=1
      ENTRY SOOZK1
      CALL SETY(JZA,JSA,KZA,JSX,JSB,KP,-1,6)
      CALL SAVEY(KSA,0,JP,-2,IP,IA,IA,(N*(N+1))/2,4)
30    CONTINUE
      CALL SETY(IB,IX,JZB,JZX,N,4)
      GOTO 20
      ENTRY SOOSQ
      IH=1
      ENTRY SOOSQ1
      CALL SAVEY(JZA,-1,JSA,-N,2)
40    CONTINUE
      CALL SAVEY(IA,IP,IP,N*N,KP,0,KZA,0,KSA,0,JSX,-1,
     1           JSB,-1,JP,-N-1,8)
      GOTO 30
      ENTRY SOOZQ
      IH=1
      ENTRY SOOZQ1
      CALL SAVEY(JZA,-N,JSA,-1,2)
      GOTO 40
      END


      SUBROUTINE INVERT(A,B,N)
      DIMENSION A(1),B(1)
      COMMON/MODLS2/IX,JSX,KSX,JZX,KZX,H1(3),
     1              IA,JSA,KSA,JZA,KZA,IP,JP,KP,
     2              IB,JSB,KSB,JZB,KZB,IQ,JQ,KQ,
     3              IST2,INDEX2(40),MSTA
      COMMON/MODLS1/HH(24),IST1,INDEX1(30)
      LOGICAL IST1,IST2
      DATA MK,MQ/6HINUSK,6HINUSQ/
C
C INVERT stellt Standardvarianten zur Invertierung
C von Dreiecksmatrizen bereit. Es wird der Baustein
C LES22 verwendet. Für den Anwender sind die
C folgenden Parameter zu beachten:
```

```
C          A - Resultatsmatrix
C          B - Eingabematrix
C          N - Dimension des Problems
C     Die Eingabedaten dürfen durch die Ergebnisse
C     überschrieben werden, d.h., A = B ist möglich.
C     Über ENTRYS mit der obigen Parameterliste kann
C     für verschiedene Speicherungsformen die Invertierung
C     durchgeführt werden.
C        INUSK - A und B sind als untere Dreiecksmatrizen
C                spaltenweise kompakt gespeichert.
C        INUSQ - A und B sind als untere Dreiecksmatrizen
C                in einer spaltenweise gespeicherten
C                unteren Dreiecksmatrix enthalten.
C     Wenn die ENTRY-Namen durch eine 1 ergänzt sind,
C     liegen die Hauptdiagonalelemente bereits reziprok vor.
C
           ENTRY INUSK
           CALL REZI(B,1,N,-1,N)
           ENTRY INUSK1
           CALL SAVEY(JSA,N-1,JZX,N-1,JP,N,3)
           IF(MSTA.EQ.MK)   GOTO 100
           CALL SETY(KP,KSA,KZX,-1,3)
           KSX=0
           KZA=0
           CALL SETF(INDEX1,4,1,2,4,5,7,8,8,9,9)
           CALL SETF(INDEX2,7,1,4,9,6,14,15,4,5,6,7,
     1             10,11,15,16,15)
           MSTA=MK
   10      CONTINUE
           CALL SETY(IX,JSX,IA,JZA,IP,IB,IQ,1,7)
  100      IST1=.TRUE.
           IST2=.TRUE.
           CALL LES22(A,B,B,0.,1.,N,N)
           RETURN
           ENTRY INUSQ
           CALL REZI(B,1,N+1,0,N)
           ENTRY INUSQ1
           CALL SAVEY(JSA,N,JZX,N,JP,N+1,3)
           IF(MSTA.EQ.MQ)   GOTO 100
           KSX=0
           KSA=0
```

```
      CALL SETF(INDEX1,3,1,2,4,5,7,8,7)
      CALL SETF(INDEX2,3,1,4,9,6,14,15,7)
      MSTA=MQ
      GOTO 10
      END


      SUBROUTINE DREIT(A,B,N)
      DIMENSION A(1),B(1)
      COMMON/MODLS2/IX,JSX,KSX,JZX,KZX,H1(3),
     1              IA,JSA,KSA,JZA,KZA,H4(11),
     3              IST2,INDEX2(40),MSTA
      COMMON/MODLS1/HH(24),IST1,INDEX1(30)
      LOGICAL IST1,IST2
      DATA MK,MQ/5HDRESK,5HDRESQ/
C
C DREIT stellt Standardvarianten zur Produktbildung einer
C Dreiecksmatrix mit ihrer Transponierten bereit.
C Es wird der Baustein LES24 benutzt. Für den Anwender
C sind die folgenden Parameter zu beachten.
C       A - Produktmatrix
C       B - Dreiecksmatrix
C       N - Dimension des Problems
C Die eingegebene Dreiecksmatrix darf durch die
C Produktmatrix überschrieben werden.
C Über ENTRYS (mit der obigen Parameterliste) kann
C für verschiedene Speicherungsformen die
C Produktbildung durchgeführt werden.
C    DRESK - A und B sind als untere Dreiecksmatrix
C            kompakt gespeichert, d.h., B ist ohne
C            Nullen und bei A als symmetrischer
C            Matrix wird nur das untere Dreieck
C            gespeichert.
C    DRESQ - A und B sind als untere Dreiecksmatrix
C            in einer spaltenweise gespeicherten
C            Matrix enthalten (quadratisch), dabei wird
C            der obere Teil der Matrix nicht verändert
C            bzw. der Matrix B nicht benutzt.
C
```

```
      ENTRY DRESK
      CALL SAVEY(IA,N,JZA,N-1,JZX,N-1,3)
      IF(MSTA.EQ.MK)   GOTO 100
      CALL SETY(JSA,KZA,KZX,-1,3)
      CALL SAVEY(KSA,0,KSX,0,IX,1,JSX,1,4)
      MSTA=MK
100   CALL LES24(A,B,N)
      RETURN
      ENTRY DRESQ
      CALL SETY(IA,JZA,JZX,N,3)
      IST1=.TRUE.
      IST2=.TRUE.
      IF(MSTA.EQ.MQ)   GOTO 100
      CALL SAVEY(JSA,-1,KSA,0,IX,1,JSX,1,4)
      CALL SETF(INDEX2,3,1,4,9,12,17,12,7)
      CALL SETF(INDEX1,2,1,2,4,7,5)
      MSTA=MQ
      GOTO 100
      END
```

A6: Routinen der erweiterten kommunikativen Basis

```
              SUBROUTINE SOL (X,A,B,IR,N)
              DIMENSION X(1),A(1),B(1)
              COMMON/MODDET/D,L,ISTEP,US,OS,COR,REGUL,HD(3)
C
C  SOL löst Gleichungssysteme mit positiv definiten,
C  symmetrischen Koeffizientenmatrizen und einer
C  beliebigen Anzahl rechter Seiten. Es werden
C  nacheinander die Routinen CHOL und zweimal SOLVE
C  aktiviert.
C  Die Koeffizientenmatrix enthält nach Abschluß
C  der Rechnung das Resultat des ersten Schrittes, d.h.
C  der Dekomposition (vgl. Ergebnismatrix bei CHOL)
C  Für den Anwender sind die folgenden Parameter
C  zu beachten:
C           X - Lösungsmatrix des Systems
C           A - Koeffizientenmatrix
C           B - Matrix der rechten Seiten
C          IR - Anzahl der rechten Seiten
C           N - Dimension des Problems
C  Die rechten Seiten dürfen durch die Ergebnisse
C  überschrieben werden.
C  Über ENTRYS mit der obigen Parameterliste kann
C  für verschiedene Speicherungsformen die
C  Gleichungsauflösung durchgeführt werden:
C     SOLSK - A ist als untere Dreiecksmatrix
C             spaltenweise kompakt gespeichert.
C     SOLSQ - A ist als untere Dreiecksmatrix in einer
C             spaltenweise gespeicherten quadratischen
C             Matrix enthalten.
C
              ENTRY SOLSK
              CALL CHOLSK(A,A,N)
              IF(REGUL.LT.0.0)   RETURN
              CALL SOUSK1(X,A,B,IR,N)
              CALL SOOZK1(X,A,X,IR,N)
              RETURN
              ENTRY SOLSQ
              CALL CHOLSQ(A,A,N)
              IF(REGUL.LT.0.0)   RETURN
```

```
      CALL SOUSQ1(X,A,B,IR,N)
      CALL SOOZQ1(X,A,X,IR,N)
      RETURN
      END


      SUBROUTINE INV (A,B,N)
      DIMENSION A(1),B(1)
      COMMON/MODDET/D,L,ISTEP,US,OS,COR,REGUL,HD(3)
C
C INV invertiert positiv definite, symmetrische
C Matrizen über die CHOLESKY-Zerlegung. Es werden
C nacheinander die Routinen CHOL, INVERT und DREIT
C aktiviert. Für den Anwender sind die folgenden
C Parameter zu beachten:
C        A - Resultatsmatrix
C        B - zu invertierende Matrix
C Über ENTRYS mit der obigen Parameterliste kann
C für verschiedene Speicherungsformen die
C Invertierung durchgeführt werden.
C  INVSK - A und B sind als untere Dreiecksmatrix
C          kompakt gespeichert.
C  INVSQ - A und B sind als untere Dreiecksmatrix
C          in spaltenweise gespeicherten quadratischen
C          Matrizen enthalten.
C Die Eingangsmatrix darf durch die Resultatmatrix
C überschrieben werden.
C
      ENTRY INVSK
      CALL CHOLSK(A,B,N)
      IF(REGUL.LT.0.0)   RETURN
      CALL INUSK1(A,A,N)
      CALL DRESK(A,A,N)
      RETURN
      ENTRY INVSQ
      CALL CHOLSQ(A,B,N)
      IF(REGUL.LT.0.0)   RETURN
      CALL INUSQ1(A,A,N)
      CALL DRESQ(A,A,N)
      RETURN
      END
```

```
      SUBROUTINE SOLIRE(X,A,B,H,IR,N)
      DIMENSION X(1),A(1),B(1),H(1)
      REAL MAXEL
      COMMON/MODLS1/IX,JX,KX,H1,H2,IH3,IZ,H5,
     1              IA,JSA,KSA,JZA,KZA,IP,JP,KP,
     2              IB,JB,KB,N1,N2,N3,N4,H6(32)
      COMMON/MODSIR/AUSL,ALFA,ISTEP.
      COMMON/MODVAR/NL
      DATA ISTEP,AUSL,ALFA/2,1.E-11,1.0/
C
C SOLIRE löst positiv definite, symmetrische
C Gleichungssysteme mit iterativer Verbesserung.
C Es werden nach SOL zyklisch die folgenden
C Bausteine bzw. Elementarmoduln aktiviert:
C SAVEV,CROSS, RELDIF,PLUSV, MAXEL, CANCEL, LES11, LES12
C Für den Anwender sind die folgenden Parameter
C zu beachten:
C        X - Lösungsmatrix des Systems
C        A - Koeffizientenmatrix
C        B - Matrix der rechten Seiten
C       IR - Anzahl der rechten Seiten
C        H - Hilfsfeld der Länge 4*N
C        N - Dimension des Problems
C Die rechten Seiten dürfen durch die Ergebnisse
C überschrieben werden.
C Die Matrizen B und X sind spaltenweise angeordnet.
C Der Prozeß der iterativen Verbesserung ist durch 3
C Parameter steuerbar, die in dem COMMON-Block MODSIR
C enthalten sind.
C    ISTEP - Anzahl der Verbesserungsschritte maximal
C            (Standard: ISTEP = 2)
C     AUSL - Anzahl der Mantissenstellen im Exponenten von AUSL,
C            bei deren Übereinstimmung die Lösung als richtig
C            akzeptiert wird
C            (Standard: AUSL = 1.E-11 bei BESM 6 für
C            einfache Wortlänge)
C     ALFA - Verbesserungskoeffizient, bei dessen
C            Unterschreitung ein Abbruch erfolgt
C            (Standard: ALFA = 1)
C Wenn diese Parameter nicht vom Nutzer eingestellt
C werden, wird automatisch der Standardfall eingesetzt.
```

```
C  Die iterative Verbesserung bricht ab (mit der
C  Priorität wie angegeben), wenn
C  1. die vorgegebene Schrittzahl erreicht ist,
C  2. die Auslöschung zwischen den Vektoren AX und B
C     den vorgegebenen Wert der Auslöschung übersteigt,
C  3. die Maximum-Differenz zwischen AX und B größer
C     ist als das Produkt von ALFA und der Maximum-
C     Differenz im vorhergehenden Schritt.
C
          NL=1
          N1=N+1
          CALL SAVEV(H,A,1,N1,N)
          CALL SOLSQ(X,A,B,IR,N)
          N1=N+1
          N2=N1+N
          N3=N2+N
          N4=N3+N-1
          IZ=1
          CALL CROSS(H,1,1,A,1,N1,N)
          DO 100 I=1,IR
          CALL SETY(IX,JX,JZA,IP,JP,1,5)
          CALL SETY(KX,KSA,KZA,KP,KB,0,5)
          CALL SAVEY(IA,N*N-N+1,JSA,-N,IB,N,JB,-1,4)
          CALL SAVEV(H(N3),X(IZ),N)
          H1=RELDIF(0.,1.)
          DO 50 J=1,ISTEP
          CALL LES12(H(N1),A,H(N3),N)
          CALL SAVEY(IX,N,JX,-1,JSA,1,JZA,-N,IB,1,JB,1,6)
          CALL LES12(H(N2),A,H (N3),N-1)
          CALL SAVEY(IX,1,JX,1,IA,1,JSA,N,JZA,1,5)
          CALL PLUSV(H(N1),2,1,H(N2),2,1,H(N1),2,1,N-1)
          CALL PLUSV(H(N2),B(IZ),H(N1),-N)
          CALL SAVEV(X(IZ),H(N3),N)
          H2=MAXEL(IH3,H(N2),-N)
          IF(H2.GT.H1)   GOTO 90
          H1=ALFA*H2
          IF(CANCEL(H(N1),B(IZ),-N).LE.AUSL) GOTO 90
          CALL LES11(H(N3),A,H,H(N2),H(N2),N)
          CALL SAVEY(IX,N,JX,-1,IA,N*N,JSA,-1,JZA,-N,IP,N,
                 JP,-1,IB,N,JB,-1,9)
          CALL LES11(H(N3),A,H,H(N3),H(N4),N)
```

```
      CALL PLUSV(H(N3),H(N3),X(IZ),N)
      CALL SAVEY(IX,1,JX,1,IA,N*N-N+1,JZA,1,IP,1,JP,1,6)
 50   CONTINUE
 90   CONTINUE
      IZ=IZ+N
100   CONTINUE
      RETURN
      END
```

DIE LÖSUNG GROSSER LINEARER SYSTEME MIT POSITIV DEFINITEN, SYMMETRISCHEN MATRIZEN UNTER DEM ASPEKT DER NUTZUNG EXTERNER SPEICHER

D. Richter

0. Einführung

Die Möglichkeiten, die uns durch den hohen Entwicklungsstand der elektronischen Rechentechnik gegeben sind, erwecken in jüngster Zeit mehr und mehr das Bedürfnis an numerischen Verfahren mit extremen Ressourcenanforderungen. Eine solche Klasse von Aufgaben sind die großen linearen Gleichungssysteme, bei denen die Rechenzeit und der Speicherplatz die Kapazitätsgrenzen der Rechenanlagen erreichen. Aufgaben dieser Art tauchen meist sogar als Teilsysteme komplexer Probleme auf.
Mit zunehmender Größe der Matrizen hat man es in der Regel aber auch mit einer sinkenden Besetzungsrate zu tun, d. h., der Anteil der von Null verschiedenen Elemente zur Gesamtzahl von Matrixkomponenten wird kleiner. Man spricht bei hinreichend kleiner Besetzungsquote (i. a. nicht größer als 5%) von schwach oder dünn besetzten Matrizen.
Die Lösung von großen Gleichungssystemen mit schwach besetzten Matrizen ist verschiedentlich untersucht worden (vgl. dazu u. a. [1], [2], [6]). Auch Programme existieren dazu. Der wesentliche Aufwand wird dabei auf die Entwicklung von Speicherungstechniken und auf die Modifizierung der Verfahren gelegt, um den Speicherplatzbedarf gering zu halten und auch nicht verfahrensbedingt ansteigen zu lassen. Man hat es im allgemeinen mit einem Übergewicht an organisatorischem Aufwand für die Speicherung und Wiederauffindung von Matrixkomponenten zu tun. Die Zeit für die durchzuführenden Operationen (Multiplikationen, Additionen) ist verhältnismäßig klein.
In dieser Arbeit sollen eine Alternative zur Theorie mit schwach besetzten Matrizen diskutiert und entwickelte Programme vorgestellt werden. Ansatzpunkt ist das (nicht zu vermeidende) Mißverhältnis zwischen Organisations- und Operationsaufwand bei Kompaktspeichertechniken. Es wird hier auf Platzeinsparungen verzichtet, um damit auch den Organisationsaufwand zu vermeiden. Man muß dann aber in Kauf nehmen, daß große Datenmengen zu speichern sind. Dies wiederum erfordert externe Speichermedien und damit verbunden Aufwand für den Transfer von und zu ihnen. Die Entscheidung, Operationen ausführen zu müssen oder nicht (wenn mindestens ein Operand Null ist), wird auf eine tiefere Ebene verlegt. Darauf gehen wir im Abschnitt 3 näher ein.

Hauptinhalt der Arbeit sind die Untersuchungen zur Transferminimierung und des modularen Aufbaus der Programme. Die Basis des Programmsystems bilden die in [5] entwickelten Bausteine der operativen Schicht (operationsausführende Moduln) bzw. die darauf aufbauenden Standard- oder Spezialformen (nutzerfreundliche Zugänge zur operativen Schicht). Da in [5] bewußt nur der dort beschriebene Problemkreis behandelt wurde, sind einige Änderungen bzw. Ergänzungen vorzunehmen, um auch für die zur Diskussion stehenden Probleme ein vollständiges Basissystem zu erhalten. Es werden weiterhin transferoptimale Varianten und ihre Realisierungen beschrieben. Häufig wird auf [5] verwiesen, zum Teil werden sogar dort definierte Begriffe und Bezeichnungen übernommen. Jedoch ist darauf geachtet worden, daß die vorliegende Arbeit auch ohne Kenntnis von [5] lesbar ist.

1. Untersuchungen zur Transferminimierung

Der Transport von Informationen von und zu externen Speichern ist in der vorliegenden Aufgabenstellung eine zusätzliche Belastung, die als Alternative zum Organisationsaufwand bei Kompaktspeichertechniken in Kauf genommen wird. Da diese Kosten generell nicht vermieden werden können, muß man wenigstens nach einem Minimum suchen.
Ein Minimum an Transfers ist dann erreicht, wenn die durchschnittliche Anzahl von Verwendungen desselben Elementes für die notwendigen arithmetischen Operationen pro Einlesevorgang maximal ist. Diese Verwendungsquote wollen wir als durchschnittliche Informationsausnutzung bezeichnen.
Die Informationsausnutzung hängt also ab von den durchzuführenden arithmetischen Operationen, von der Struktur der Daten auf den externen Speichern und von der Größe des verfügbaren Hauptspeichers. Die arithmetischen Operationen sind durch das auszuführende Verfahren festgelegt, und die Größe des Hauptspeichers ist beschränkt. Einzig variierbarer Einflußfaktor ist die Datenstruktur auf den externen Speichern. Wir werden stets davon ausgehen, daß sich die Daten sämtlich zu Beginn und zum Ende auf externen Speichern befinden. Demzufolge ist jedes Element mindestens einmal zu lesen bzw. einmal zu schreiben.
Für die folgenden Betrachtungen führen wir einige Parameter ein, die immer die gleiche Bedeutung haben werden.

- n - Dimension der Matrix
- d - Bandbreite der Matrix (einseitig, einschließlich der Hauptdiagonalen)

r - Anzahl der rechten Seiten

k - Anzahl der Elemente, die gleichzeitig im Hauptspeicher untergebracht werden können (verfügbare Hauptspeicherkapazität)

m - Ordnung der quadratischen Teilmatrizen

1.1. Dekomposition von Matrizen

Bei der Dekomposition positiv definiter, symmetrischer Matrizen A wird nach dem Satz von CHOLESKY (vgl. [3]) eine untere Dreiecksmatrix L berechnet, so daß

$$A = LL^T.$$

Daraus ergibt sich die Berechnungsvorschrift

$$\begin{aligned} l_{ij} &= (a_{ij} - \sum_{k=1}^{j-1} l_{ik}l_{jk})/l_{jj}\,, \\ l_{ii} &= a_{ii} - \sum_{k=1}^{i-1} l_{ik}^2 \end{aligned} \tag{1}$$

für $i=1,\ldots,n$ und $j=1,\ldots,i-1$.

Wenn man es mit Bandmatrizen zu tun hat - diesen Fall werden wir im weiteren betrachten, wobei $1 \leq d \leq n$ zugelassen ist - ändert sich (1) zu

$$\begin{aligned} l_{ij} &= (a_{ij} - \sum_{k=d_i}^{j-1} l_{ik}l_{jk})/l_{jj} \\ l_{ii} &= a_{ii} - \sum_{k=d_i}^{i-1} l_{ik}^2 \end{aligned} \tag{1a}$$

mit $d_i = \max\{1, i-d+1\}$ für $i=1,\ldots,n$ und $j=d_i,\ldots,i-1$.

Aus den Formeln (1a) kann man ableiten:

Zur Berechnung eines Elementes benötigt man 2 Zeilen (im Falle $i=j$) oder 1 Zeile der Matrix (wir nehmen dabei an, daß a_{ij} und l_{ij} den gleichen Platz belegen). Zur Berechnung einer Zeile $l_i = l_{ij}$, $j=d_i,\ldots,i$ benötigt man die n_i Zeilen $l_{d_i}, l_{d_i+1},\ldots,l_i$, wo $1 \leq n_i \leq d$.

Sei $\bar{d}_j$ definiert als $\bar{d}_j = \min\{n, j+d-1\}$. Dann erhält man ebenfalls aus (1a), daß zur Berechnung einer Spalte $l_j = \{l_{ij}, i=j,\ldots,\bar{d}_j\}$ die

n_j Spalten $l_j, l_{j+1}, \ldots, l_{\overline{d}_j}$ benötigt werden, wobei ebenfalls $1 \leq n_j \leq d$.
Man kann also zusammenfassend schließen:
Wenn mindestens d Spalten bzw. d Zeilen gleichzeitig in den Hauptspeicher untergebracht werden können, kann mindestens 1 Spalte bzw. Zeile zusammenhängend berechnet werden. "Zusammenhängend" ist hier so zu verstehen, daß die Operationen nicht durch Transfers unterb chen werden müssen. Damit ist in diesem Fall eine Organisation möglich, die sich auf ein einziges Lesen und ein einziges Schreiben sämtlicher Matrixelemente beschränkt.
d Spalten oder d Zeilen haben gemeinsam d^2 Elemente. Wenn also

$$d \leq \sqrt{k} \tag{2}$$

ist, wird bei spalten- oder zeilenweiser Speicherung für die Dekomposition der Matrizen die Minimalzahl an Transfers in dem Sinne erreicht, daß jedes Element nur einmal gelesen oder geschrieben werden muß. Der Fall (2) ist wegen der günstigen Transferzahlen auch gesondert implementiert worden.

Im Weiteren gehen wir davon aus, daß die Bedingung (2) nicht erfüllt ist. Wir wollen zu Aussagen kommen, welche Speicherungsform im allgemeinen die minimale Transferzahl liefert.
Dazu muß man eine solche Unterteilung der Matrix finden, daß mit möglichst wenig Elementen möglichst viele berechnet werden können, d. h. die Informationsausnutzung maximal ist.
Nehmen wir also an, wir wollen die Elemente l_{ij} der Matrix L, gelegen im Rechteck $x_1 \leq i \leq x_2$, $y_1 \leq j \leq y_2$, berechnen.
Gemäß (1a) benötigt man dazu die Elemente l_{ij} mit (schraffierter Teil)

$$x_1 \leq i \leq x_2$$
$$d_i \leq j \leq y_2$$

und

$$y_1 \leq i \leq y_2$$
$$d_{x_1} \leq j \leq i$$

(d_i wie weiter oben definiert). An Hand der Skizze 1 kann man die letzte Aussage überprüfen.

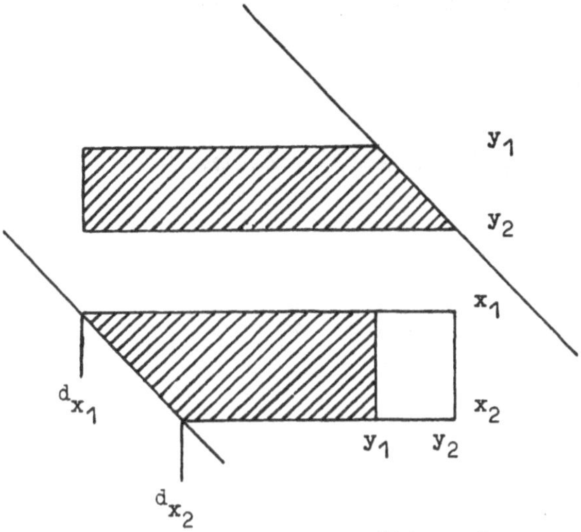

Skizze 1

Die Anzahl der benötigten Elemente ist

$$(y_2-y_1)(x_2-x_1)+(x_2-x_1)(y_1-d_{x_2}) + \frac{(x_2-x_1)(x_2-x_1+1)}{2}$$

$$+ (y_2-y_1)(y_1-d_{x_1}) + \frac{(y_2-y_1)(y_2-y_1+1)}{2} \ .$$

Setzt man

$x = x_2-x_1$ (Kantenlänge des Blocks),

$y = y_2-y_1$ (Kantenlänge des Blocks),

$a = y_1-d_{x_2}$ (Abstand vom linken Rand der Matrix),

vereinfacht sich der Ausdruck zu

$$2xy + (x+y)a + \frac{x(x+1)}{2} + \frac{y(y+1)}{2} \ .$$

Sei die Anzahl der zu berechnenden Elemente konstant, d. h. $xy=c$
Bei Minimierung des folgenden Ausdrucks erhalten wir dann die günstigste Struktur:

$$f(x,y) = (x+y)a + \frac{x(x+1)}{2} + \frac{y(y+1)}{2}$$

bzw. mit $y = \frac{c}{x}$

$$f(x) = (x + \frac{c}{x})a + \frac{x(x+1)}{2} + \frac{c(c+x)}{2x^2} .$$

Man erhält

$$f'(x) = a - \frac{ac}{x^2} + x + \frac{1}{2} - \frac{c^2}{x^3} - \frac{c}{2x^2}$$

und

$$f'(\sqrt{c}) = 0 ,$$

womit wegen $f''(c) > 0$ ein notwendiges Kriterium dafür erfüllt ist, daß bei $\sqrt{c}$ ein Minimum für die Funktion f liegt.
Man kann sich leicht davon überzeugen, daß die Funktion f' für positive x nur eine Nullstelle hat und erhält an Hand des Hintergrundes (Formel (1a)), daß für $x = y = \sqrt{c}$ eine minimale Anzahl von Matrixkomponenten zur Berechnung von c Elementen benötigt wird. Somit erreicht man bei quadratischer Anordnung der zu berechnenden Elemente eine höhere Informationsausnutzung als bei allen anderen Formen.
Bleibt noch die Frage nach der optimalen Größe der quadratischen Blöcke zu klären.
Sei m die Blockgröße, dann werden zur Berechnung eines quadratischen Blockes nach den oben entwickelten Formeln

$$3m^2 + 2am + m$$

Matrixkomponenten benötigt. Wegen der Kapazitätsgrenzen im Hauptspeicher folgt die Beschränkung

$$3m^2 + 2am + m \leqq k$$

für den Fall, daß alle m^2 Elemente zusammenhängend berechnet werden, und daraus

$$m \leqq \frac{1}{6} (\sqrt{4a^2 + 4a + 12k + 1} - 2a - 1) = m(a,k).$$

Der Ausdruck m(a,k) ist monoton fallend in a und erreicht für a=0 sein Maximum mit $m(a,k) \approx \sqrt{\frac{k}{3}}$ (für nichtnegative a).
Gleichzeitig ist m(a,k) aber auch ein Maß für die Informationsausnutzung der zur Berechnung des quadratischen Blockes benötigten Matrixkomponenten, weil, wie man an Hand von Skizze 1 und Formeln (1a) überprüfen kann, jedes eingelesene Element genau m(a,k) - mal zur Berechnung des quadratischen Blockes benötigt wird.
Eine zusammenhängende Berechnung jedes quadratischen Blockes wäre also verbunden mit einer sinkenden Informationsausnutzung je weiter der Block vom linken Rand der Matrix entfernt ist. Um die gesamte Matrix einheitlich zu zerlegen, müßte man das Maß der geringsten Blockgröße zu Grunde legen und hätte relativ niedrige Informationsausnutzungen während des gesamten Prozesses der Dekomposition.
Wählt man dagegen die maximale Blockgröße ($m = [\sqrt{\frac{k}{3}}]$), muß man auf eine zusammenhängende Berechnung eines Blockes verzichten. Man kann jedoch eine solche Einteilung in Teilabschnitte finden, wo in jedem Schritt die maximale Informationsausnutzung erreicht wird. Diese Einteilung besteht darin, daß die erforderlichen Skalarprodukte in Abschnitte der Länge m zerlegt werden. Wenn man nun genau die Abschnitte, die innerhalb eines Blockes der Ordnung (m,m) liegen, zusammenfaßt, dann entstehen aus den Formeln (1a) Matrixverknüpfungen der Form

$$A = A - BC$$

(A, B, C quadratische Matrizen). Man vergleiche hierzu die modifizierten Verfahren im Abschnitt 2.3.
Durch diese Verknüpfungen bedingt müssen drei Blöcke im Hauptspeicher untergebracht werden. Daraus folgt die Beschränkung

$$3m^2 \leqq k$$

oder

$$m \leqq \sqrt{\frac{k}{3}} \text{ .}$$

Eine Abschätzung für die Anzahl der zu transportierenden Elemente ergibt in den höchsten Potenzen

$$\frac{nd^2}{m} - \frac{2}{3}\,\frac{d^2}{m} \text{ .}$$

Zusammenfassend können wir sagen:
Die Zerlegung der Matrix in quadratische Blöcke der Ordnung $m = [\sqrt{\frac{k}{3}}]$ garantiert für die Dekomposition ein Minimum an Transfers von und zu externen Speichern.
Die optimale Struktur und Größe der Blöcke ist unabhängig von den Parametern der Matrix.
Wenn schließlich die Bedingung (2) erfüllt ist, darf auch mit der Blockstruktur gearbeitet, und es kann m=d gewählt werden.

1.2. Gleichungsauflösung

Nach der Dekomposition der Matrix A wird das Gleichungssystem

$$Ax = b$$

mit r rechten Seiten in den zwei Etappen

$$Ly = b,$$
$$L^T x = y$$

gelöst. Dieses Auflösen wird auch Vorwärts- bzw. Rückwärtselimination genannt. Die Berechnung von **y** vollzieht sich nach der folgenden Formel:

$$y_{ij} = (b_{ij} - \sum_{k=1}^{i-1} l_{ik} y_{kj}) / l_{ii} \tag{3}$$

für i=1,...,n und j=1,...,r.
Bei Bandmatrizen verändert sich ( ) zu

$$y_{ij} = (b_{ij} - \sum_{k=d_i}^{i-1} l_{ik} y_{kj}) / l_{ii} \tag{3a}$$

für i=1,...,n und j=1,...,r. d_i ist ebenso definiert wie bei der Dekomposition. Für x erhält man

$$x_{ij} = (y_{ij} - \sum_{k=j+1}^{n} l_{kj} x_{kj}) / l_{jj} \tag{4}$$

für i=1,...,n und j=1,...,r bzw.

$$x_{ij} = (y_{ij} - \sum_{k=j+1}^{\bar{d}_j} l_{kj} x_{kj}) / l_{jj} \tag{4a}$$

für i=1,...,n und j=1,...,r bei Bandmatrizen. $\bar{d}_j$ ist ebenfalls bei der Dekomposition bereits definiert worden.
Wir gehen wieder so vor wie im vorherigen Abschnitt und wollen untersuchen, unter welchen Bedingungen man mit einem einmaligen Lesen und einmaligen Schreiben sämtlicher Matrixkomponenten sowie Elementen der rechten Seiten und Lösungen auskommt. Dazu nehmen wir an, daß eine beliebige Anzahl rechter Seiten r zeilenweise vorliegt (andere Formen für die rechten Seiten führen beim genannten Anliegen zu keiner Lösung).
Aus der Formel (3a) kann man ableiten:
Um eine Zeile $\mathbf{y}_i = (y_{ij}, j=1,...,r)$ bei der Vorwärtselimination zu berechnen, benötigt man bei spaltenweisem Speichern der Matrix n_i Spalten ($1 \leqq n_i \leqq d$) und bei zeilenweisem Speichern 1 Zeile der Matrix. In beiden Fällen benötigt man n_i Zeilen der rechten Seiten. Daraus ergeben sich die Beschränkungen

$$d(d+r) \leqq k$$

bzw.

$$d(r+1) \leqq k.$$

Um eine Zeile $x_i = (x_{ij}, j=1,...,r)$ bei der Rückwärtselimination zu berechnen, benötigt man bei spaltenweisem Speichern der Matrix 1 Spalte und bei zeilenweisem Speichern n_i Zeilen ($1 \leqq n_i \leqq d$) der Matrix.
In beiden Fällen werden wieder n_i Zeilen der rechten Seiten benötigt.
Das ergibt dann die Abschätzungen

$$d(r+1) \leqq k$$

bzw.

$$d(d+r) \leqq k.$$

Zusammen erhält man:
Um mit einmaligem Lesen und Schreiben bei der Vorwärts- und Rückwärtselimination auszukommen, muß die Bedingung

$$d(d+r) \leqq k \qquad (5)$$

erfüllt sein.
Dieser Fall ist ebenfalls bei der Implementierung beachtet und ge-

sondert realisiert worden.
Wenn nun die Bedingung (5) nicht erfüllt ist, dann muß man ähnliche Untersuchungen wie im vorherigen Abschnitt anstellen. Man kann hier ebenso nachweisen, daß eine höhere Informationsausnutzung als $\sqrt{\frac{k}{3}}$ nicht erreichbar ist, diese aber durch Unterteilung sowohl der Matrix als auch der rechten Seiten und Lösungen in quadratische Blöcke der Ordnung $\sqrt{\frac{k}{3}}$ hergestellt werden kann. Wie das durch entsprechende Modifikation der Verfahren erreicht wird, wird im Abschnitt 2.3. erläutert. Die Abschätzung für die Anzahl der zu transportierenden Elemente ergibt in den höchsten Potenzen

$$\frac{r}{m}\,(2nd - d^2).$$

Man erkennt sofort, daß die Transferzahl mit wachsendem m fällt. Aus der Notwendigkeit jedoch, 3 Blöcke gleichzeitig im Hauptspeicher zu haben, folgt die Beschränkung

$$m \leq \sqrt{\frac{k}{3}}\ ,$$

womit erneut auf die optimale Blockgröße $m = \left[\sqrt{\frac{k}{3}}\,\right]$ geschlossen werden kann.

1.3. Invertierung von Matrizen

Eine mögliche Vorgehensweise zur Invertierung von Matrizen ist durch 1.1. und 1.2. bereits gegeben - Dekomposition der Matrix und Lösung eines Gleichungssystems mit Einheitsspalten als   Seiten. Man kann sogar die Vorzüge der Symmetrie nutzen, indem die Dekomposition einmal durchgeführt wird und danach die Gleichungssysteme mit immer kürzer werdenden (dann auch nur den entsprechenden Teil der Matrix nutzenden) rechten Seiten durchgeführt wird.
Wir wollen aber noch eine zweite Variante, nämlich die Invertierung mit der GAUSS-JORDAN-Methode diskutieren. Es werden wiederum Bandmatrizen angenommen, wobei zu beachten ist, daß die Inverse im allgemeinen eine volle Matrix ist. Dennoch kann auch bei Bandmatrizen Aufwand gespart werden.
Die GAUSS-JORDAN-Methode besteht aus n Transformationsschritten, so daß durch

$$A = A^0 \rightarrow A^1 \rightarrow \ldots \rightarrow A^n = A^{-1}$$

im n-ten Schritt die Inverse berechnet ist. Ein Transformationsschritt hat unter Beachtung der Symmetrie die folgende Form:

$$
\begin{aligned}
a_{ii}^{i} &= \frac{1}{a_{ii}^{i-1}}, \\
a_{ij}^{i} &= -\frac{a_{ij}^{i-1}}{a_{ii}^{i-1}}, \quad j=1,\ldots,i-1, \\
a_{ki}^{i} &= \frac{a_{ki}^{i-1}}{a_{ii}^{i-1}}, \quad k=i+1,\ldots,n, \\
a_{kj}^{i} &= a_{kj}^{i-1} + \frac{a_{ki}^{i-1}a_{ji}^{i-1}}{a_{ii}^{i-1}}, \quad k=1,\ldots,i-1,\ j=1,\ldots,k, \\
a_{kj}^{i} &= a_{kj}^{i-1} - \frac{a_{ki}^{i-1}a_{ij}^{i-1}}{a_{ii}^{i-1}}, \quad k=i+1,\ldots,n,\ j=1,\ldots,i-1, \\
a_{kj}^{i} &= a_{kj}^{i-1} + \frac{a_{ik}^{i-1}a_{ij}^{i-1}}{a_{ii}^{i-1}}, \quad k=i+1,\ldots,n,\ j=i+1,\ldots,k.
\end{aligned}
\tag{6}
$$

Wenn man nun den Fall einer Bandmatrix noch beachtet, dann ändern sich die obigen Formeln zu

$$
\begin{aligned}
a_{ii}^{i} &= \frac{1}{a_{ii}^{i-1}}, \\
a_{ij}^{i} &= -\frac{a_{ij}^{i-1}}{a_{ii}^{i-1}}, \quad j=1,\ldots,i-1, \\
a_{kj}^{i} &= \frac{a_{ki}^{i-1}}{a_{ii}^{i-1}}, \quad k=i+1,\ldots,\overline{d}_i, \\
a_{kj}^{i} &= a_{kj}^{i-1} + \frac{a_{ki}^{i-1}a_{ji}^{i-1}}{a_{ii}^{i-1}}, \quad k=1,\ldots,i-1,\ j=1,\ldots,k, \\
a_{kj}^{i} &= a_{kj}^{i-1} - \frac{a_{ki}^{i-1}a_{ij}^{i-1}}{a_{ii}^{i-1}}, \quad k=i+1,\ldots,\overline{d}_i,\ j=1,\ldots,i-1,
\end{aligned}
\tag{6a}
$$

$$a_{kj}^{i} = a_{kj}^{i-1} + \frac{a_{ik}^{i-1} a_{ij}^{i-1}}{a_{ii}^{i-1}} \quad , \qquad \begin{array}{l} k=i+1,\dots,\overline{d}_i, \\ j=i+1,\dots,k, \end{array}$$

wobei wieder

$$\overline{d}_i = \min\{n,\ i+d-1\} \ .$$

Um mit Hilfe der Formeln (6a) die günstigste Matrixstruktur zu gewinnen, kann man den folgenden Ansatz machen:
Zur Berechnung der Elemente, gelegen im Rechteck mit den Kantenlängen x und y, benötigt man in einem Transformationsschritt diese xy Elemente und weitere x+y (siehe Skizze 2).
Wenn man nun z Transformationsschritte zusammenhängend für dieses Rechteck ausführen will, benötigt man xy + z(x+y) Elemente.

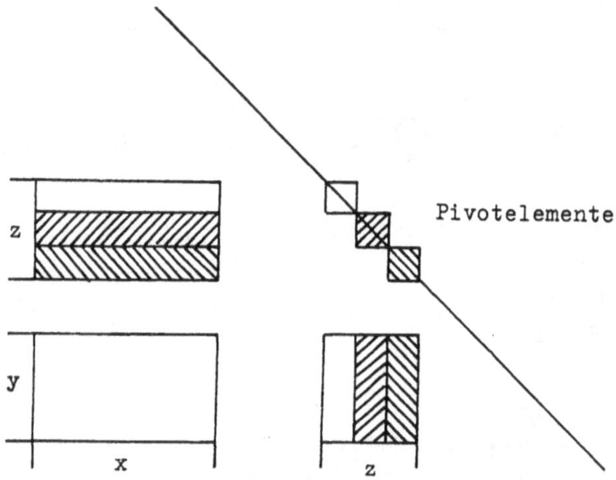

Skizze 2

Das bedeutet, daß für alle n Transformationsschritte, falls z zusammenhängend ausgeführt werden, zur Berechnung der xy Elemente etwa

$$\frac{n}{z}\,(xy + z(x+y))$$

Komponenten der Matrix einzulesen sind. Zur Berechnung einer bestimmten

Anzahl c von Komponenten der inversen Matrix ergeben sich dann

$$\frac{c}{xy} \frac{n}{z} (xy + z(x+y))$$

einzulesende Elemente.
Um also eine maximale Informationsauslastung zu erhalten, ist ein Ausdruck der Form

$$C \cdot \frac{xy + xz + yz}{xyz}$$

zu minimieren. Auf Grund der Kapazitätsbeschränkungen muß jedoch

$$xy + xz + yz \leqq k$$

sein, so daß ein Ausdruck

$$C'xyz$$

unter der Bedingung

$$xy + xz + yz \leqq k$$

zu maximieren ist. Bekanntlich wird das Maximum dann erreicht, wenn $x = y = z = \sqrt{\frac{k}{3}}$.
Bei dem entwickelten Ansatz ist der Aufwand für das Ausschreiben von Zwischenergebnissen nicht beachtet worden. Würde man dies noch tun, käme man zu optimalen Blockformen, wo zwar x=y, jedoch ein wenig unter $\sqrt{\frac{k}{3}}$, und z ein wenig über $\sqrt{\frac{k}{3}}$ liegen.
Da eine solche Einteilung aber unmöglich zu realisieren ist, bleiben wir bei

$$x = y = \left[\sqrt{\frac{k}{3}}\right]$$

als optimaler Blockform. Hieraus ergibt sich eine Transferzahl von ca.

$$\frac{1}{m} (n^3 + \frac{3}{2} n^2 d - d^3)$$

für die gesamte Invertierung.

2. Modifizierte Verfahren

Die Berücksichtigung des Transferaufwandes führt zu einigen neuen Betrachtungsweisen der numerischen Algorithmen, wie sie in den sogenannten Hauptspeichervarianten nicht erforderlich waren. Die Beschreibung der Algorithmen macht dabei deutlich, welche komplexen Operationen auszuführen sind bzw. an welcher Stelle Lese - oder Schreiboperationen einzufügen sind. Nach einer Beschreibung der Basis, die mit den in [5] entwickelten Verfahren annähernd übereinstimmt, werden die modifizierten Algorithmen entwickelt, ohne im einzelnen die erforderlichen Transferroutinen anzugeben. Diese werden geschlossen am Ende dargestellt bzw. können in ihrer Wechselwirkung mit den "Hauptspeicherroutinen" aus den Programmen im Anhang ersehen werden.

2.1. Erweiterung der Basis

Die in [5] beschriebene operative Schicht als auch kommunikative Basis sind dort nur soweit entwickelt worden, wie sie zur Lösung positiv definiter, symmetrischer Systeme mit "kleinen" Matrizen benötigt werden. Das Basissystem wird nun erweitert, so daß es den hinzukommenden Forderungen zusätzlich gerecht werden kann.
Im folgenden seien die verschiedenen Elemente der Basis genannt. Auf sie wird bei der Implementierung zurückgegriffen.

Numerische Elementarmoduln

Alle hier zur Anwendung kommenden numerischen Elementarmoduln werden im Anhang A1 angegeben. Dabei wird nur ihr Name mit einer kurzen Inhaltsangabe angeführt. Mehr Informationen über numerische Grundmoduln können [4] entnommen werden.

Operative Moduln

Die in [5] entwickelten Bausteine (1.1) und (1.2) sowie (2.1) bis (2.4) werden fast unverändert hier übernommen. Lediglich zu (1.2) und (2.4) sind Erweiterungen notwendig. Zusätzlich werden noch zwei Moduln eingeführt.
Im folgenden nun die Zusammenstellung aller Formen, deren Realisierungen den operativen Teil des Programmsystems (ohne Transferroutinen) ausmachen:
Es seien x, b und p n-dimensionale Vektoren und A eine Dreiecksmatrix (o.B.d.A. $A = (a_{ij})$, $i=1,\ldots,n$; $1 \leq j \leq i$).

$$x_i = (b_i - \sum_{j=1}^{i-1} a_{ij}x_j)p_i \qquad (1.1)$$

für i=1,...,n ;

$$x_i = (\pm x_i) \pm \sum_{j=1}^{i} a_{ij}b_j \qquad (1.2)$$

für i=1,...,n.

Die Verknüpfungsform $(\pm a) \pm b$ ist so zu interpretieren, daß alle 6 folgenden Kombinationen möglich sind:

$$\begin{array}{r} b \\ -b \\ a + b \\ a - b \\ -a + b \\ -a - b \end{array}$$

Seien jetzt X und B Matrizen der Ordnung (n,r).

$$x_{ij} = (b_{ij} - \sum_{k=1}^{i-1} a_{ik}x_{kj})p_i \qquad (2.1)$$

für i=1,...,n und j=1,...,r.

Im folgenden sind X und B ebensfalls Dreiecksmatrizen,

$$x_{ij} = (b_{ij} - \sum_{k=j}^{i-1} a_{ik}x_{kj})p_i \qquad (2.2)$$

für i=1,...,n und j=1,...,i ;

$$x_{ij} = (a_{ij} - \sum_{k=1}^{j-1} x_{ik}x_{jk})p_j \qquad (2.3)$$

$$p_j = p_j(x_{jk}, p_k, k=1,\ldots,j-1, a_{jj})$$

für i=1,...,n und j=1,...,i-1 ;

$$x_{ij} = (\pm x_{ij}) \pm \sum_{k=1}^{j} a_{ik}a_{jk} \qquad (2.4)$$

für i=1,...,n und j=1,...,i.

Jetzt sei A eine rechteckige Matrix der Ordnung (m,n).

$$x_{ij} = (\pm x_{ij}) \pm \sum_{k=1}^{n} a_{ik}a_{jk} \qquad (2.5)$$

für i=1,...,m und j=1,...,i ;

$$x_{ij} = (\pm x_{ij}) \pm \sum_{k=j}^{n} a_{ik}b_{kj} \qquad (2.6)$$

für i=1,...,m und j=1,...,n.

Alle 8 Formen sind als Unterprogramme mit den Namen LES (Linear Equation System) und der entpsrechenden Nummer vorhanden. Detaillierte Aussagen zu den inneren Formen und Parametervermittlungen sind in [5] dargestellt. Die Routinen sind universell in dem Sinne, daß sie unabhängig von der Speicherungsform der Felder und Vektoren angewendet werden können.

Kommunikative Basis

Die entwickelten Programmoduln LES11 und LES12 sowie LES21 bis LES26 sind bedingt durch ihre Universalität recht kompliziert anzuwenden bzw. tragen nicht zur Lesbarkeit geschriebener Programme bei. Aus diesem Grunde wurden Standardvarianten bereitgestellt, die vom Anwender nur minimale Informationen verlangen. Neben den Standardfällen kann es aber gerade bei konkreten Problemen (wie in der vorliegenden Aufgabenstellung) spezieller Formen bedürfen, die wir insgesamt als kommunikative Basis bezeichnen wollen.

Im Anhang A2 ist in Tabellenform die gesamte kommunikative Basis für die Behandlung großer linearer Systeme mit den gegebenen Eigenschaften zusammengestellt.

2.2. Algorithmen für Matrizen in Zeilen- oder Spaltenform

Im folgenden wird der Fall behandelt, wo die Bandbreite hinreichend klein ist, um mit einmaligem Lesen und Schreiben auszukommen. Für die Dekomposition und Gleichungsauflösung sind für diesen Fall gesondert Algorithmen entwickelt und implementiert worden. Die Parameter k, n, d, r, die Matrizen A und L sowie die rechten Seiten b und Lösungen x seien wie bisher definiert. Zusätzlich wollen wir noch Parameter $v = v(d,k)$, $w_1 = w_1(d,k,r)$ und $w_2 = w_2(d,k,r)$ einführen, die die Anzahl zusammenhängend berechenbarer Spalten oder Zeilen bei der Dekomposition,

Lösungszeilen bei der Vorwärtselimination bzw. Lösungszeilen bei der Rückwärtselimination angeben.
Unter Beachtung der im Abschnitt 1 angegebenen Formeln (1a), (3a) und (4a) berechnen sich die Parameter v, w_1 und w_2 wie folgt:

$$v = \frac{k - d(d-1)}{d} ,$$

$$w_1 = \frac{k - (d+r)(d-1)}{d+r} ,$$

$$w_2 = \frac{k - r(d-1)}{d+r} .$$

Bei der Dekomposition und Gleichungsauflösung wird ein Teil der im Anhang angegebenen Grundelemente verwendet:

- zur Berechnung der Komponenten l_{ij}, $i=1,\ldots,d$, $j=1,\ldots,i$, der Baustein LES23 über den Zugang CHOL1,
- zur Berechnung einer Matrixzeile $l_i = (l_{ij}, j=d_i,\ldots,i-1)$ (außer Diagonalelement) für $i=d+1,\ldots,n$, $d_i = i-d+1$, der Baustein LES11 über den Zugang SOLVE2,
- zur Berechnung eines Diagonalelementes l_{ii} für $i=d+1,\ldots,n$ bei der Dekomposition das Grundelement DIAGEL,
- zur Berechnung der ersten d Zeilen $y_i = (y_{ij}, j=1,\ldots,r)$ für $i=1,\ldots,d$ bei der Vorwärtselimination der Baustein LES21 über den Zugang SOLVE3,
- zur Berechnung der ersten d Zeilen $x_i = (x_{ij}, j=1,\ldots,r)$ für $i=1+n-d,\ldots,n$ bei der Rückwärtselimination der Baustein LES21 über den Zugang SOLVE4.

Das modifizierte Verfahren für die Dekomposition ist so aufgebaut, daß schrittweise nach dem Anfangsdreieck jeweils v Zeilen zusammenhängend berechnet werden.
In Skizze 3 ist der Ablauf als Flußdiagramm dargestellt. Dieses Schema ist auch im entsprechenden FORTRAN-Programm realisiert worden (vgl. Anhang A4), wobei dort noch eine Ergänzung durch Lese- und Schreiboperationen erfolgt. Für die Gleichungsauflösung (Vorwärtselimination) ergibt sich der in Skizze 4 dargestellte Ablauf. Die Rückwärtselimination ist im Ablauf bis auf das Ersetzen von SOLVE3 durch SOLVE4 und w_1 durch w_2 identisch. Auch hierzu befinden sich die Programme im Anhang A4.

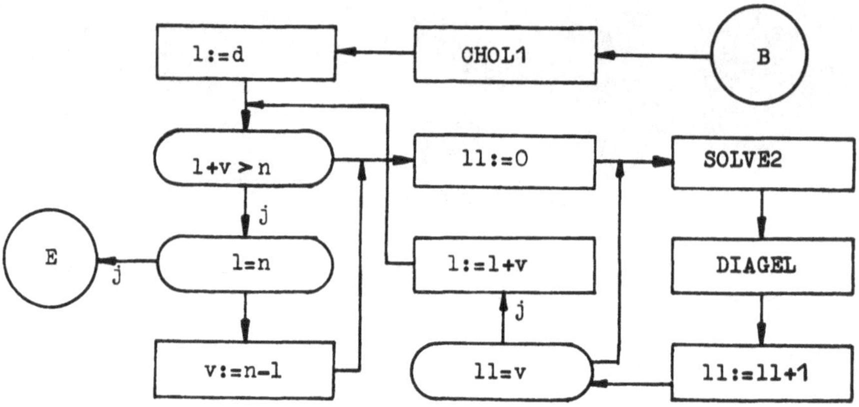

Skizze 3

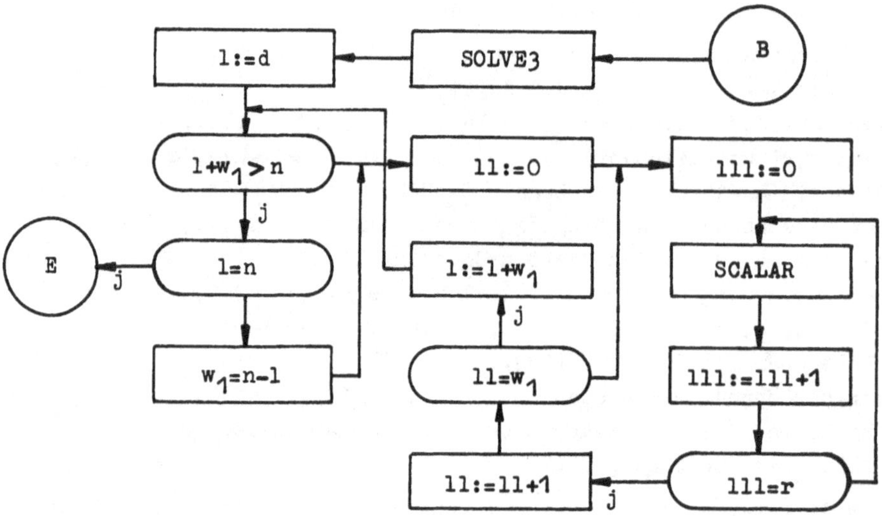

Skizze 4

2.3. Modifizierte Algorithmen auf der Basis von Blockzerlegungen

Ausgangspunkt der folgenden Betrachtungen ist, daß sämtliche Matrizen in quadratische Blöcke der Ordnung m zerlegt sind. Dazu geben wir einige Voraussetzungen bzw. Eigenschaften an, die für den gesamten Abschnitt gelten:

- Die Matrizen A, L, B, Y, X und die Parameter n, d, m, r haben die schon weiter oben gegebene Bedeutung.
- Es wird angenommen, daß sowohl n als auch d durch m teilbar sind.
- r darf beliebig sein. Die Einteilung der rechten Seiten und Lösungen geschieht in $[\frac{r}{m}]$ Blockreihen mit Blöcken der Ordnung (m,m) und, falls $[\frac{r}{m}] \neq \frac{r}{m}$, einer Blockreihe mit Blöcken der Ordnung $(m, \frac{r}{m} - [\frac{r}{m}])$.
- Die Blöcke entlang der Hauptdiagonalen von A und L sind symmetrische Matrizen - es wird nur mit ihren unteren Dreiecksteilen gearbeitet.
- Die Blöcke entlang der Bandkante der Matrix A und L sind obere Dreiecksmatrizen mit Nullen in den Hauptdiagonalen (der untere Teil einschließlich Hauptdiagonale wird nicht mit behandelt).

Mit den Beziehungen

$$\bar{n} = \frac{n}{m},$$

$$\bar{d} = \frac{d}{m},$$

$$\bar{r} = \begin{cases} [\frac{r}{m}] & , \text{ falls } [\frac{r}{m}] = \frac{r}{m}, \\ [\frac{r}{m}] + 1 & , \text{ falls } [\frac{r}{m}] \neq \frac{r}{m} \end{cases}$$

lassen sich die Aufteilungen der Matrizen wie folgt beschreiben:

$$A = (A_{ij}) \ , \ i=1,\ldots,\bar{n} \ , \ j=\bar{d}_i,\ldots,i,$$

$$L = (L_{ij}) \ , \ i=1,\ldots,\bar{n} \ , \ j=\bar{d}_i,\ldots,i,$$

mit $\bar{d}_i = \max\{1, i-\bar{d}\}$,

$$B = (B_{ij}) \ , \ i=1,\ldots,\bar{n} \ , \ j=1,\ldots,\bar{r},$$

$$Y = (Y_{ij}) \ , \ i=1,\ldots,\bar{n} \ , \ j=1,\ldots,\bar{r},$$

$$X = (X_{ij}) \text{ , } i=1,\ldots,\bar{n} \text{ , } j=1,\ldots,\bar{r}.$$

Aus den Formeln zur Dekomposition (1a) wird nun angewendet auf die Blockstruktur die folgende Berechnungsvorschrift:

$$\begin{aligned} L_{ij} &= L_{jj}^{-1} \left(A_{ij} - \sum_{k=\bar{d}_i}^{j-1} L_{ik}L_{jk}^T\right) \\ L_{ii}&: \left(A_{ii} - \sum_{k=\bar{d}_i}^{i-1} L_{ik}L_{ik}^T\right) = L_{ii}L_{ii}^T \end{aligned} \qquad (1b)$$

für $i=1,\ldots,\bar{n}$ und $j=1,\ldots,i-1$.

Für die Gleichungsauflösung erhält man aus den Beziehungen (3a) und 4a) die folgende Darstellung in Blockform:

$$Y_{ij} = L_{ii}^{-1} \left(B_{ij} - \sum_{k=\bar{d}_i}^{i-1} L_{ik}Y_{ik}\right), \qquad (3b)$$

$$X_{ij} = (L_{ii}^{-1})^T\left(Y_{ij} - \sum_{k=i+1}^{\bar{\bar{d}}_i} L_{ki}^T Y_{kj}\right) \qquad (4b)$$

für $i=1,\ldots,\bar{n}$ und $j=1,\ldots,\bar{r}$ mit $\bar{d}_i = \max\{1,i-\bar{d}\}$ und $\bar{\bar{d}}_i = \min\{\bar{n},i+\bar{d}\}$.

Schließlich folgt noch der modifizierte GAUSS-JORDAN-Algorithmus zur Invertierung von Bandmatrizen. Der Algorithmus besteht aus $\bar{n}$ Transformationsschritten, wobei

$$A = A^0 \rightarrow A^1 \rightarrow \ldots \rightarrow A^{\bar{n}} = A^{-1}.$$

Der Übergang von A^{i-1} zu A^i hat die folgende Form:

$$\begin{aligned} A_{ii}^i &= (A_{ii}^i)^{-1}, \\ A_{ij}^i &= -(A_{ii}^{i-1})^{-1}A_{ij}^{i-1}, && j=1,\ldots,i-1, \\ A_{ki}^i &= A_{ki}^{i-1}(A_{ii}^{i-1})^{-1}, && k=i+1,\ldots,\bar{\bar{d}}_i, \\ A_{kj}^i &= A_{kj}^{i-1} + (A_{ik}^{i-1})^T(A_{ii}^{i-1})^{-1}A_{ij}^{i-1}, && k=1,\ldots,i-1,\ j=1,\ldots,k, \\ A_{kj}^i &= A_{kj}^{i-1} - A_{ki}^{i-1}(A_{ii}^{i-1})^{-1}A_{ij}^{i-1}, && k=i+1,\ldots,\bar{\bar{d}}_i,\ j=1,\ldots,i-1, \end{aligned} \qquad (6b)$$

$$A^{i}_{kj} = A^{i-1}_{kj} + A^{i-1}_{ki}(A^{i-1}_{ii})^{-1}(A^{i-1}_{ji})^{T} \,, \quad \begin{array}{l} k=i+1,\dots,\bar{d}_i, \\ j=i+1,\dots,k. \end{array}$$

Daß durch die Beziehungen (1b), (3b), (4b) und (6b) auch tatsächlich die Aufgabenstellungen Dekomposition, Gleichungsauflösung und Invertierung erfüllt werden, ist zu beweisen, indem die Identität zwischen einem Blockschritt und m Einzelschritten gezeigt wird. Dieser Nachweis ist durchgeführt worden, jedoch wird wegen der Länge auf die Darstellung hier verzichtet.
Die angegebenen Algorithmen sind wie beschrieben implementiert worden (vgl. Anhang A5). Zu den Operationen mit den Blöcken kommen dann die Transfers von und zu den externen Speichern hinzu.

2.4. Organisation des Datentransfers

Bisher sind Strukturen unter dem Blickwinkel entwickelt worden, den Gesamtdatenaustausch zwischen Kern- und peripheren Speichern zu minimieren. Das führte im allgemeinen Fall zu einer Einteilung der Matrix in Blöcke, wie im vorhergehenden Abschnitt beschrieben.
Der Zugriff zu den Blöcken ist in den verschiedenen Algorithmen allein durch ihre logische Stellung in der Matrix charakterisiert. Der Lese- oder Schreibvorgang benötigt aber Informationen über die Lage der zu transportierenden Elemente auf den externen Speichern. Um nun nicht auf eine Datenstruktur auf den externen Speichern beschränkt zu sein, benötigt man ein möglichst variables Verbindungselement, daß abhängig von der logischen Stellung des Blockes in der Matrix den Zugriff zu den entsprechenden Daten auf den externen Speichern organisiert. Hierbei spielt die Ausstattung eines Rechners bzw. seines Betriebssystems hinsichtlich virtuellem Speicher für uns keine Rolle, weil davon nur noch die Realisierung des Verbindungselementes abhängt.
Das Einlesen bzw. Ausschreiben wird dann am effektivsten sein, wenn die zu lesenden Elemente zusammenhängend auf dem externen Speicher liegen bzw. die zu schreibenden zusammenhängend transportiert werden. Da man nicht erwarten kann, daß die Matrizen gerade in der optimalen Blockform vorliegen, ist es zweckmäßig, Routinen bereitzustellen, die die entsprechende Strukturierung in Blöcke vornehmen. In diesem Fall haben die Verbindungselemente dann die Aufgabe, abhängig vom Zeilen- und Spaltenindex des Blockes (im weiteren wird ein Block durch die Indices des linken oberen Elementes beschrieben) die Adresse auf dem externen Speicher zu errechnen und den Transfer zu bewerkstelligen. Die Adressenberechnung kann nach vorgegebener Formel, aber auch durch einmal aufzubauende Listen geschehen. Für den Lese- und Schreibvorgang sind die je-

weiligen Systemroutinen zu verwenden.
Die Variabilität des Verbindungselementes besteht darin, daß es eine externe Routine ist, die nur im Namen und in der Parameterliste gebunden ist. Wenn die Matrix noch nicht in Blöcken strukturiert vorliegt (etwa in Spalten- oder Diagonalform), können die Verbindungsroutinen auch so aufgebaut werden, daß die Blöcke erst zusammengestellt werden. Dies wäre jedoch unzweckmäßig, insbesondere wenn die Blöcke mehrmals gelesen werden müssen.
Im Anhang A3 werden die Verbindungsroutinen für den Fall beschrieben, daß die Blöcke spaltenweise gespeichert sind.
Es existieren weiterhin eine Reihe von Routinen, die aus verschiedenen gegebenen Strukturen die Aufbereitung in Blöcken vornehmen.

3. Aufwandabschätzungen und Testergebnisse

Die entwickelten Verfahren geben die Möglichkeit, den benötigten Aufwand an Operationen und Transfers analytisch zu bestimmen. Für die Operationszahl ist es dabei gleich, ob mit der "Spalten-" oder "Blockmethode" gearbeitet wird. Angegeben wird stets die Anzahl durchzuführender Multiplikationen, da bis auf vernachlässigbar wenige Fälle die Multiplikation mit einer Addition verknüpft ist. Die Anzahl der Divisionen ist jeweils gleich der Ordnung der Matrizen.
Die Parameter n, d, r, m haben nach wie vor die Bedeutungen Ordnung der Matrix, Bandbreite, Anzahl der rechten Seiten bzw. Ordnung der Blöcke.
In der Tabelle 1 sind die Angaben zusammengefaßt.
Die angegebenen Ausdrücke beschränken sich auf die Glieder höchster Potenz. Daraus sind bereits die wesentlichen Einflüsse der Parameter des Gleichungssystems auf den Aufwand erkennbar. Für hinreichend große n, d und r sind die Angaben auch eine gute Näherung für den tatsächlichen Aufwand, wogegen bei kleinen Größen oder Extremfällen, wie $d=m$ doch erhebliche Verzerrungen durch das Weglassen von Gliedern niederer Potenzen auftreten.

Methode	Anzahl Multiplik.	Anzahl einzules. Elemente	Anzahl auszuschr. Elemente
Dekomposition mit Spaltenmethode	$\frac{nd^2}{2} - \frac{d^3}{2}$	$nd - \frac{d^2}{2}$	$nd - \frac{d^2}{2}$
Elimination (Vorwärts- oder Rückwärts-)mit Spaltenmethode	$rnd - \frac{rd^2}{2}$	$nd - \frac{d^2}{2} + rn$	rn
Gleichungssystemlösung mit Spaltenmethode	$\frac{nd^2}{2} - \frac{d^3}{3} + 2rnd - rd^2$	$3nd - \frac{3d^2}{2} + 2rn$	$nd - \frac{d^2}{2} + 2rn$
Dekomposition mit Blockmethode	$\frac{nd^2}{2} - \frac{d^3}{3}$	$\frac{nd^2}{m} - \frac{2d^3}{3m}$	$nd - \frac{d^2}{2}$
Elimination (Vorwärts- oder Rückwärts-) mit Blockmethode	$rnd - \frac{rd^2}{2}$	$2snd - sd^2 + nd - \frac{d^2}{2}$ 1)	rn
Gleichungssystemlösung mit Blockmethode	$\frac{nd^2}{2} - \frac{d^3}{3} + 2rnd - rd^2$	$\frac{nd^2}{m} - \frac{2d^3}{3m} + 4snd - 2sd^2 + 2nd - d^2$	$nd - \frac{d^2}{2} + 2rn$
Invertierung einer Matrix mit GAUSS-JORDAN-Blockmethode	$n^3 - 2n^2d + \frac{5}{2} nd^2 - d^3$	$\frac{2n^3}{3m} + \frac{n^2d}{m} - \frac{2d^3}{3m}$	$\frac{n^3}{3m} + \frac{n^2d}{m} - \frac{d^3}{3m}$

Tabelle 1: Operations- und Transferaufwand

Weiter erkennt man an den Ausdrücken, daß die eingangs definierte Informationsausnutzung etwa m beträgt (man muß Transferaufwand bezüglich Operationszahlen bestimmen und dabei beachten, daß zwei Zahlen zu einem Produkt gehören)

---

1) r ist zerlegt in $r = sm + t$ mit $0 \leqq t \leqq m$.

Ein anderer Zugang zur Aufwandsbestimmung, der zugleich auch den tatsächlichen Rechneranforderungen näher kommt, besteht in der Messung der abzuarbeitenden Basis (vgl. Abschnitt 2.1.) und Transferroutinen (vgl. 2.4.). Wenn die spezifischen Zeiten für diese Routinen bekannt sind, kann man mit Hilfe der Häufigkeit des Auftretens sehr gute Vorhersagen über benötigte Rechenzeiten machen. Dies ist aber in vollem Umfang nicht durchgeführt worden, weil die erhaltenen Resultate doch nur für die eine Anlage gültig wären.
Lediglich mit dem Skalarprodukt, das als Elementarmodul in allen operativen Teilen des Programmsystems auftritt, sind einige Messungen durchgeführt worden. Die Ergebnisse sind sehr eindrucksvoll. Zunächst läßt sich global einschätzen, daß erhöhter Aufwand im Skalarprodukt sich etwa in dem Maße auf die Gesamtzeit auswirkt, wie es innerhalb des Skalarproduktes mehr Zeit benötigt. Auch wird mehr Genauigkeit im Skalarprodukt deutlich für das Gesamtergebnis spürbar. Man kann hier jedoch kaum mit Zahlen operieren, da die Eigenschaften der Matrix eine sehr große Rolle bei den erreichbaren Genauigkeiten haben.
In einem praktischen Beispiel, das auf BESM-6 gerechnet worden ist - Dimension 926 und Bandbreite 62 -,lagen die relativen Fehler je nach Auswahl von Skalarprodukten (vgl. [4]) zwischen 10^{-3} und 10^{-8}.
Um zu ermitteln, welchen Anteil die arithmetischen Operationen am Gesamtaufwand haben, wurde ein "ausgehöhltes" Skalarprodukt eingesetzt. Dieses besteht nur aus dem Ein- und Ausgang sowie einem Zähler zur Ermittlung der Häufigkeit der Skalarproduktanwendungen. Die gemessenen Zeiten wurden in Relation zu den Zeiten, gemessen mit akkumulierendem Skalarprodukt, gesetzt. In der Tabelle 3. 2. sind einige ausgewählte Zahlen angegeben. Sämtliche Angaben beziehen sich auf die Invertierung der Matrix mit den jeweiligen Parametern, wobei die Messungen mit akkumulierender Addition in den Skalarprodukten nicht in jedem Fall durchgeführt wurden. Sämtliche Rechnungen sind auf BESM-6 durchgeführt worden.
In Tabelle 3. 3. sind einige Vergleichzahlen für BESM-6 bei der Dekomposition und Gleichungsauflösung zusammengestellt. In allen Fällen ist dabei ein Skalarprodukt mit Rundung verwendet worden.
Da, wie bereits in der Einleitung erwähnt, bei großen Matrizen ein hoher Prozentsatz der Komponenten den Wert Null hat, werden viele unnötige Operationen (Produkte, Additionen). durchgeführt. Dies ist gerade der Ansatzpunkt für die Kompaktspeichertechniken.
Wir sind hier einen anderen Weg gegangen, der zunächst in der Ausführung aller verlangten Operationen besteht. Wegen der zentralen Stellung des Skalarproduktes haben wir jetzt aber die Möglichkeit,

genau dort die Entscheidung zu treffen, ob die einzelnen Operationen ausgeführt werden müssen oder nicht. Der mögliche Zeitgewinn hängt dann davon ab, wie das Verhältnis der Ausführungszeiten von arithmetischen zu logischen Operationen auf der jeweiligen Rechenanlage ist und wie oft Operationen "ausgelassen" werden können. Auf ESER-Anlagen ist der Zeitvorteil schon bei wenigen nicht auszuführenden Operationen spürbar, da allein die Multiplikation wesentlich mehr Zeit benötigt als Vergleichsoperationen. Auf BESM-6 dagegen ist erst ein Zeitvorteil erreichbar, wenn mehr Aufwand als Operationsausführung mit Rundung im Skalarprodukt betrieben wird.

Parameter n	d	m	Laufzeit(sec) total	CP	Anzahl aufgerufener Skalarprodukte	prozentualer Anteil des Skalarproduktes an der CP-Zeit
150	150	25	96	42	80700	84,9
150	150	75	52	31	39450	89,6
300	150	25	483	252	488900	84,7
300	300	25	591	302	588900	84,6
300	300	75			366100	
600	75	75	1036	824	894675	91,3
600	600	75	1742	1466	1642800	89,9
900	775	75			2514825	
900	900	75			5299200	

Tabelle 3.2

Parameter n	d	m	Dekomposition CP-Zeit (sec)	Vorwärts- und Rückwärtselimination für 3 rechte Seiten CP-Zeit (sec)
Spaltenmethode:				
926	62		25,7	5,5
Blockmethode:				
930	62	62	37,0	6,1
930	62	31	44,1	7,8
928	64	16	59,0	11,1
201	201	67	17,0	1,6

Tabelle 3.3

Wenn man nun zusammenfassend die zwei verschiedenen Verfahrensweisen - Kompaktspeichertechniken für schwach besetzte Matrizen oder Nutzung externer Speicher - vergleicht, ist folgende Tendenz erkennbar:
Die Methoden mit Nutzung externer Speicher sind besonders dann effektiv, wenn die Matrixelemente in einem relativ schmalen Band konzentriert sind oder eine starke Auffüllung stattfindet. Verfahren auf der Basis von Kompaktspeichertechniken sind vorteilhaft bei Matrizen mit niedriger Besetzungrate in der gesamten Matrix. Unter der Voraussetzung, daß beide Methoden als Programm bereitstehen, wird die Entscheidung für die eine oder andere letztlich von den Maschinenparametern und dem zu lösenden Problem abhängen.

Literatur:

[1] TEWARSON, R. P.
Sparse Matrices
Academic Press New York and London, 1973

[2] SCHENDEL, U.
Sparse-Matrizen: Eine Einführung mit Beispielen
Oldenbourg-Verlag München, 1977

[3] WILKINSON, J. H., C. H. REINSCH
Linear Algebra
Springer-Verlag Berlin, Heidelberg, New York, 1971

[4] HOLLATZ, H., D. RICHTER
Ein Modulsystem zur Implementierung numerischer Algorithmen,
dieser Sammelband

[5] RICHTER, D.
Numerische und rechentechnische Behandlung linearer Gleichungssysteme mit positiv definiten, symmetrischen Matrizen,
dieser Sammelband

[6] BURMEISTER, W.
Lineare Gleichungssysteme mit schwach besetzten Matrizen,
dieser Sammelband

Anhang

A1: Verwendete numerische Elementarmoduln

XMY	-	Produkt zweier reeller Zahlen mit Rundung
SCALAR	-	Skalarprodukt zweier Vektoren
CROSS	-	Austausch des Inhaltes zweier Vektoren
SAVEV	-	Übertragung des Inhaltes eines Vektors auf einen anderen
PLUSV	-	Addition zweier Vektoren komponentenweise
MAXEL	-	Bestimmung des maximalen Elementes eines Vektors
DIVV	-	Division zweier Vektoren komponentenweise
MATRIX	-	Matrixprodukt

Es werden die hier angegebenen Moduln oder Modifikationen von ihnen, wie sie in [4] genannt sind, verwendet.

A2: Kommunikative Basis

Name	Parameter (in richtiger Reihenfolge)	verwendete operative Moduln	verwendete Elementarmoduln	Inhalt	Speicherungsform/ Besonderheiten
CHOLSK	A,B,N	LES23 LES11	SCALAR	Berechnung von A, so daß $B=AA^T$, A untere Dreiecksmatrix, B symmetrisch	A,B in SK-Form [1]
CHOL1	A,B,N	LES23 LES11	SCALAR	wie CHOLSK	A,B sind quadratische, spaltenweise gespeicherte Matrizen, das linke obere Dreieck wird benutzt
DIAGEL	X,P,S,T,N	-	SCALAR	S=S(X,P,T,N) Funktion zur Berechnung der Diagonalelemente	die Vektoren X und P werden durch Parameter IX,JX,KX bzw. IP,JP,KP beschrieben, T skalar
SOUSK1	X,A,B,IR,N	LES21 LES11	SCALAR	Vorwärtselimination in AX=B mit IR rechten Seiten A untere Dreiecksmatrix	A in SK-Form, X,B spaltenweise gespeichert Hauptdiagonale bereits reziprok
SOOZK1	X,A,B,IR,N	LES21 LES11	SCALAR	Rückwärtselimination in AX=B mit IR rechten Seiten A obere Dreiecksmatrix	A in ZK-Form [2], X,B spaltenweise gespeichert Hauptdiagonale reziprok
SOLVE1	X,A,B,IR,N	LES21 LES11	SCALAR	wie SOUSK1	A in SK-Form, B,X zeilenweise gespeichert, Hauptdiagonale reziprok
SOLVE2	X,A,B,N	LES11	SCALAR	Vorwärtselimination in AX=B mit 1 rechten Seite, A untere Dreiecksmatrix	A quadratisch, linke obere Teil wird benutzt, X,B Vektoren mit Komponentenabstand N, Hauptdiagonale reziprok

SOLVE3	X,A,B,IR,N	LES21 LES11	SCALAR	wie SOUSK1	A wie in SOLVE2, X,B zeilenweise
SOLVE4	X,A,B,IR,N	LES21 LES11	SCALAR	wie SOOZK1	A zeilenweise gespeicherte quadratische Matrix, linke obere Teil wird benutzt, Hauptdiagonale reziprok, X,B zeilenweise
SOLD1	X,A,B,N	LES22 LES11	SCALAR	Vorwärtselimination in AX=B, A untere Dreiecksmatrix, X,B ebenfalls Dreiecksmatrizen	A in SK-Form, B,X als obere Dreiecksmatrizen spaltenweise gespeichert, Hauptdiagonale reziprok
DREIT1	A,B,N	LES24 LES12	SCALAR	$A=A-B^TB$, A untere, B obere Dreiecksmatrix	A in SK-Form, B wie in SOLD1
DMAT1	A,B,C,M,N	LES26 LES12	SCALAR	$A=A-BC^T$, A,B - (M,N)-Matrizen, C obere Dreicksmatrix	A,B spaltenweise, C wie B in SOLD1
MAT1	A,B,N	LES25	MATRIX	$A=A-BB^T$, B quadratisch, A untere Dreiecksmatrix	A in SK-Form B in Spaltenform

---

1) SK-Form: Matrix ist als untere Dreiecksmatrix zusammenhängend gespeichert, d. h. auf einem eindimensionalem Feld der Länge N (N+1)/2

2) ZK-Form: Matrix ist als obere Dreiecksmatrix zusammenhängend zeilenweise gespeichert, d. h. auf eindimensionalem Feld der Länge N (N+1)/2

A3: Routinen zur Organisation des Datentransfers

```
C  SUBROUTINE RREAD(L,A,B, )
C
C  RREAD ist ein Unterprogramm, in dem eine zusammen-
C  hängende Datenmenge vom externen Speicher gelesen
C  wird. (Auf BESM-6 Bestandteil des Betriebssystems)
C  Die Parameter bedeuten im einzelnen:
C          L - Log. Nr. der ext. Speichereinheit
C          A - erstes Element des Hauptspeicherfeldes,
C              auf das übertragen werden soll
C          B - letztes Element des Hauptspeicherfeldes,
C              auf das übertragen werden soll
C          K - Adresse auf dem peripheren Speicher

C  SUBROUTINE RWRITE(L,A,B,K)
C
C  RWRITE ist analog zu RREAD ein Unterprogramm zum
C  schreiben. Die Interpretation der Parameter kann
C  entsprechend angepaßt von RREAD übernommen werden.


               SUBROUTINE AREAD(A,L,LUN,KUN,IZ,IS)
               DIMENSION A(1)
               COMMON/MODCHE/N,ID,M,LIN,KIN,LOUT,KOUT,MQ,
          1                  MD,MH,IH(3)
               ENTRY BREAD
C  AREAD ist ein Unterprogramm zum Einlesen
C  eines Blockes, der durch seine Stellung in der
C  Matrix gegeben ist.
C  Das vorliegende Programm ist für den Fall, daß
C  die Matrix bereits strukturiert vorliegt.
C  Diese Struktur besteht aus einer Folge von
C  Blockspalten. Innerhalb einer Spalte ist der erste
C  Block (Hauptdiagonalblock) eine untere Dreiecksmatrix,
C  dann folgen quadratische Blöcke und zuletzt
C  (an der Bandkante) obere Dreiecksblöcke.
C  Die Parameter sind im einzelnen:
C          A - Feld, auf das gelesen wird
C          L - Anzahl der Elemente, die gelesen werden
```

```
C       LUN - Log. Nr. der externen Einheit
C       KUN - Anfangsadresse der Gesamtmatrix
C     IZ,IS - logische Stellung des Blockes in der
C             Matrix (Zeilen- und Spaltennummer)
C    MODCHE - COMMON-Block mit Problemparametern
C
              KH=KUN+(IS-1)*ID
              IF(IS.LE.N-ID)
              KH=KH-((IS-N+ID-1)*(IS-N+ID-2))/2
   10         CONTINUE
              IF(IS.EQ.IZ)   GOTO 20
              KH=KH+MD+(IZ-IS-M)*M
   20         CONTINUE
              CALL RREAD (LUN,A,A(L),KH)
              RETURN
              END


              SUBROUTINE CREAD(A,L,LUN,NR)
              DIMENSION A(1)
              COMMON/MODCHE/N,ID,M,LIN,KIN,IH(8)
C
C  CREAD ist ein Unterprogramm für das Einlesen von
C  Spalten bei den Spaltenmethoden.
C  Es sind:
C         A - Feld, auf das gelesen wird
C         L - Anzahl der Spalten, die gelesen werden
C        NR - Nummer der ersten zu lesenden Spalte
C       LIN - Log. Nr. der ext. Einheit,von der
C             gelesen wird
C       KIN - Anfangsadresse auf LIN für die Gesamt-
C             matrix
C       LUN - gibt an, ob alle Spalten die Länge ID
C             haben (LUN=-LIN), oder ob die letzten
C             ID Spalten als Dreieck gespeichert sind
C             (LUN=LIN)
C    MODCHE - COMMON-Block mit Problemparametern
C
              NR1=NR-1
              NID=N-ID
              KH=KIN+NR1*ID
```

```
      IE=L*ID
      IF(LIN.NE.LUN)   GOTO 20
      IF(NR+L.LE.NID+1)   GOTO 20
      IF(NR.LE.NID+1)   GOTO 10
      KH=KH-((NR1-NID-1)*(NR1-NID))/2
      IE=IE-(L*(L-1))/2-L*(NR1-NID)
      GOTO 20
   10 CONTINUE
      IE=IE-((NR1+L-NID)*(NR+L-NID-2))/2
   20 CONTINUE
      CALL RREAD(LIN,A,A(IE),KH)
      IA=L*ID
      IL=MAXO(NR-2+L-NID O)
      DO 30 I=1,L
      IF(IA.EQ.IE)   GOTO 40
      CALL SAVEO(A,IA,-1,IL)
      CALL SAVEV(A,IA-IL,-1,A,IE,-1,ID-IL)
      IA=IA-ID
      IE=IE-ID+IL
      IL=IL-1
   30 CONTINUE
   40 CONTINUE
      RETURN
      END


      SUBROUTINE AWRITE(A,L,LUN,KUN,IZ,IS)
      DIMENSION A(1)
      COMMON/MODCHE/N,ID,M,LIN,KIN,LOUT,KOUT,MQ,
     1                 MD,MH,IH(3)
C
C  AWRITE ist ein Unterprogramm zum Ausschreiben von
C  Blöcken. Für AWRITE gelten alle Aussagen - auch
C  Parameterinhalte - analog zu AREAD.
C
      KH=KUN+(IS-1)*ID
      IF(IS.LE.N-ID)   GOTO 10
      KH=KH-((IS-N+ID-1)*(IS-N+ID-2))/2
   10 CONTINUE
      IF(IS.EQ.IZ)   GOTO 20
      KH=KH+MD+(IZ-IS-M)*M
```

```
20      CONTINUE
        CALL RWRITE(LUN,A,A(L),KH)
        RETURN
        END
```

A4: Implementierte Spaltenmethode

```
      SUBROUTINE SBCHOL(A,N,ID,K,LIN,KIN,LOUT,KOUT)
      DIMENSION A(1)
      COMMON/MODDET/D,L,ISTEP,US,OS,COR,REGUL,IH(3)
      COMMON/MODCHE/NN,IDD,M,LINN,KINN,IH(8)
C SBCHOL führt die Zerlegung einer positiv definiten,
C symmetrischen Matrix in das Produkt einer unteren
C Dreiecksmatrix und ihrer Transponierten durch
C (nach CHOLESKY).
C Eingabe- und Ausgabematrix befinden sich auf externen
C Speichern. Es wird wegen der Symmetrie nur mit der
C unteren Dreiecksmatrix gearbeitet.
C Vorausgesetzt ist, daß die Eingabematrix in
C Spaltenform vorliegt. Die Resultatsmatrix wird
C ebenfalls in Spalten auf einen externen Speicher
C geschrieben. Die Parameter sind im einzelnen:
C        A - Arbeitsfeld
C        N - Dimension der zu zerlegenden Matrix
C       ID - Bandbreite der Matrix
C        K - verfügbare Speicherkapazität für
C            Arbeitsplätze (K darf nicht größer
C            als die vereinbarte Länge von A sein,
C            aber K.GE.ID*(ID+2))
C      LIN - Log. Nr. der ext. Einheit, auf der die
C            Eingabematrix gespeichert ist. Im Falle
C            LIN.LT.O haben alle N Spalten die Länge ID,
C            sonst sind die letzten ID Spalten als
C            Dreieck gespeichert
C      KIN - Anfangsadresse auf LIN
C     LOUT - Log. Nr. der ext. Einheit, auf der das
C            Resultat gespeichert ist. Im Falle
C            LOUT.LT.O werden alle N Spalten in der
C            Länge ID gespeichert, sonst werden die
C            letzten ID Spalten als Dreieck gespeichert
C     KOUT - Anfangsadresse auf LOUT
C Anstelle der Hauptdiagonalwerte wird ihr reziproker
C Wert gespeichert.
C Die Ausgangsdaten dürfen durch die Ergebnisse
C überschrieben werden.
C Wenn die Matrix nicht positiv definit ist, bricht das
```

```
C  Programm ab und gibt die Steuerung an das aufrufende
C  Programm zurück (wenn nicht in FAIL ein STOP erfolgt).
C  Im COMMON-Block MODDET sind mehr Informationen
C  enthalten (vgl. dazu das Reaktionsprogramm FAIL)
            LINN=IABS(LIN)
           LOUTT=IABS(LOUT)
            CALL SAVEY(NN,N,IDD,ID,KINN,KIN,KOUTT,KOUT,
     1                 ML,ID,ISP,1,ID1,ID-1,7)
            MQ=ID*ID
            MQ1=MQ+1
            MD=(MQ+ID)/2
            MA=(K-MQ)/ID
            MAID=MA*ID
            IF(LIN+LOUT+ID.EQ.LINN+LOUTT+N)   GOTO 80
            CALL CREAD(A,ID,LIN,ISP)
            ISP=ISP+ID
            CALL CHOL1(A,A,ID)
            IF(REGUL.LT.0.0)   RETURN
            IF(ML+MA.GT.N)   GOTO 60
   30       CONTINUE
            CALL CREAD(A(MQ1),MA,LIN,ISP)
            ISP=ISP+MA
            CALL SAVEY(IA,ID+1,IB,ID+ID,IC,MQ1,3)
            DO 40 I=1,MA
            CALL SOLVE2(A(IB),A(IA),A(IB),ID1)
            CALL DIAGEL(A,IB,ID1,0,A,IA,ID,0,A(IC),A(IC),ID1)
            IF(REGUL.LT.0.0)   RETURN
            CALL PLUSY(IA,ID,IB,ID,IC,ID,3)
   40       CONTINUE
            CALL RWRITE(LOUTT,A,A(MAID),KOUTT)
            KOUTT=KOUTT+MAID
            CALL SAVEV(A,1,1,A,MAID+1,1,MQ)
            ML=ML+MA
            IF(ML+MA.GT.N)   GOTO 60
            GOTO 30
   60       CONTINUE
            MA=N-ML
            MAID=MA*ID
            IF(MA.NE.0)   GOTO 30
            IF(LOUT.EQ.LOUTT)   GOTO 70
            CALL RWRITE(LOUTT,A,A(MQ),KOUTT)
```

```
      RETURN
70    CONTINUE
      CALL SETY(IA,IO,1,2)
      DO 75 I=1,ID
      CALL SAVEV(A,IA,1,A,IO,1,ID+1-I)
      IA=IA+ID-I+1
      IO=IO+ID
75    CONTINUE
      CALL RWRITE(LOUT,A,A(MD),KOUTT)
      RETURN
80    CONTINUE
      CALL RREAD(LIN,A,A(MD),KIN)
      CALL CHOLSK(A,A,ID)
      CALL RWRITE(LOUT,A,A(MD),KOUT)
      RETURN
      END


      SUBROUTINE SBSOL(A,N,ID,IR,K,LMAT,KMAT,
     1                       LRIN,KRIN,LROUT,KROUT)
      DIMENSION A(1)
      COMMON/MODCHE/NN,IDD,M,LMATT,KMATT,H(8)
      COMMON/MODSBS/NNN,IDDD,IRR,LM,KM,LI,KI,
     1                  LO,KOO,MA,MAID,MIR,MQ,IDR
C SBSOL führt die Vorwärts- und Rückwärtsauflösung
C eines Gleichungssystems mit positiv definiten,
C symmetrischen Matrizen durch. Vorausgesetzt ist,
C daß die Matrix (durch SBCHOL) bereits zerlegt
C ist und sich auf einem externen Speicher befindet.
C Diese Matrix wird in Spalten verarbeitet.
C Von den rechten Seiten wird verlangt, daß sie
C zeilenweise auf einem externen Speicher vorliegen.
C Die Parameter sind im einzelnen:
C          A - Arbeitsfeld
C          N - Dimension der Matrix
C         ID - Bandbreite der Matrix
C         IR - Anzahl der rechten Seiten
C          K - verfügbarer Speicherplatz für
C              Arbeitsfelder (nicht größer als die
C              vereinbarte Feldlänge von A, aber
C              K.GE.(ID+1)*(ID+IR)
```

```
      LMAT - Log. Nr. der ext. Einheit, auf der
C              die zerlegte Koeffizientenmatrix
C              gespeichert ist. Wenn LMAT.LT.O, sind
C              alle N Spalten mit der Länge ID
C              gespeichert, sonst liegen die letzten
C              ID Spalten als Dreieck vor
C       KMAT - Anfangsadresse auf LMAT
C       LRIN - Log. Nr. der ext. Einheit, auf der die
C              rechten Seiten gespeichert sind
C       KRIN - Anfangsadresse auf LRIN
C      LROUT - Log. Nr. der ext. Einheit, auf der die
C              Ergebnisse gespeichert werden
C      KROUT - Anfangsadresse auf LROUT
C  Die Ergebnisse sind ebenfalls zeilenweise gespeichert.
C  Die rechten Seiten dürfen durch die Ergebnisse
C  überschrieben werden.
C
      CALL SAVEY(NN,N,IDD,ID,KMATT,KMAT,NNN,N,
     1           IDDD,IF,IRR,IR,LM,LMAT,LI,LRIN,
     2           KI,KRIN,LO,LROUT,KOO,KROUT,11)
      LMATT=IABS(LMAT)
      MQ=ID*ID
      IDR=ID*IR
      MA=(K-MQ-IDR)/(ID+IR)
      MAID=MA*ID
      MIR=MA*IR
      CALL SBSOLL(A,A(MQ+1),A(MQ+MAID+1),
     1            A(MQ+MAID+IDR+1))
      RETURN
      END


      SUBROUTINE SBSOLL(A,C,D,F)
      DIMENSION A(1),C(1),D(1),F(1)
      COMMON/MODSBS/N,ID,IR,LM,KM,LI,KII,LO,KOO,
     1               MAA,MAID,MIR,MQ,IDR
      MA=MAA
      ISP=1
      ID1=ID-1
      KI=KII
      KO=KOO
```

```
      CALL CREAD(A,ID,LM,ISP)
      ISP=ISP+ID
      CALL RREAD(LI,D,D(IDR),KI)
      KI=KI+IDR
      CALL SOLVE3(D,A,D,IR,ID)
30    CONTINUE
      IF(ISP+MA-1.GT.N)   GOTO 60
      CALL CREAD(C,MA,LM,ISP)
      ISP=ISP+MA
      CALL RREAD(LI,F,F(MIR),KI)
      KI=KI+MIR
      LD=1
      LR=1
      DO 50 I=1,MA
      DO 40 J=1,IR
      F(LR)=XMY(C(LD),-SCALAR(-F(LR),C,LD-ID1,-ID1,
     1                        F,LR -IR,-IR,ID1))
      LR=LR+1
40    CONTINUE
      LD=LD+ID
50    CONTINUE
      CALL RWRITE(LO,D,D(MIR),KO)
      KO=KO+MIR
      CALL SAVEV(A,1,1,A,MAID+1,1,MQ)
      CALL SAVEV(D,1,1,D,MIR+1,1,IDR)
      GOTO 30
60    CONTINUE
      MA=N+1-ISP
      MAID=MA*ID
      MIR=MA*IR
      IF(MA.NE.0)   GOTO 30
      KI=KO
      KO=KI+IDR
      ISP=ISP-ID
      MA=MAA
      MAID=MA*ID
      MIR=MA*IR
      CALL SOLVE4(D,A,D,IR,ID)
70    CONTINUE
      IF(ISP-MA.LE.0)   GOTO 90
      CALL SAVEV(C,MAID,-1,A,MQ,-1,MQ)
      CALL SAVEV(F,MIR,-1,D,IDR,-1,IDR)
```

```
      ISP=ISP-MA
      CALL CREAD(A,MA,LM,ISP)
      KI=KI-MIR
      CALL RREAD(LO,D,D(MIR),KI)
      LD=MAID-ID1
      LR=MIR
      DO 85 I=1,MA
      DO 80 J=1,IR
      D(LR)=XMY(A(LD),-SCALAR(-D(LR),A,LD+1,1,D,
     1                        LR+IR,IR,ID1))
      LR=LR-1
80    CONTINUE
      LD=LD-ID
85    CONTINUE
      KO=KO-MIR
      CALL RWRITE(LO,F,F(MIR),KO)
      GOTO 70
90    CONTINUE
      MA=ISP-1
      MAID=MA*ID
      MIR=MA*IR
      IF(MA.NE.O)   GOTO 70
      CALL RWRITE(LO,D,D(IDR),KOO)
      RETURN
      END
```

A5: Implementierte Blockmethoden

```
      SUBROUTINE BBCHOL(A,N,ID,M,LIN,KIN,LOUT,KOUT)
      DIMENSION A(1)
      COMMON/MODCHE/NN,IDD,MM,LINN,KINN,LOUTT,KOUTT,
     1                 MQ,MD,MH,IH(3)
      COMMON/MODDET/D,L,ISTEP,US,OS,COR,REGUL,IHD(3)
C BBCHOL führt die Zerlegung einer positiv definiten,
C symmetrischen Matrix in das Produkt einer unteren
C Dreiecksmatrix und ihrer Transponierten (nach
C CHOLESKY) durch. Eingabe und Ergebnismatrix befinden
C sich auf externen Speichern. Es wird wegen der
C Symmetrie nur mit der unteren Dreiecksmatrix
C gearbeitet. Vorausgesetzt ist, daß die Eingabe-
C matrix in Blöcken strukturiert vorliegt und die
C Adressen durch die Routine AREAD berechnet werden
C bzw. durch AREAD eine Strukturierung vorgenommen
C wird. Die Resultatsmatrix wird ebenfalls in Blöcken
C (durch AWRITE gesteuert) auf externe Speicher
C geschrieben bzw. kann durch AWRITE destrukturiert
C werden. Die Berechnung wird in Blöcken vorgenommen,
C wobei das untere Dreieck der Matrix in Dreiecks-
C bzw. quadratischen Blöcken zerlegt ist. Dabei sind
C an der Hauptdiagonalen untere Dreiecke, darunter
C quadratische Blöcke und an der Bandkante obere
C Dreiecke mit Nullen in der Hauptdiagonalen (die
C Nullen der Hauptdiagonalen werden nicht mit gespeichert).
C Die Einteilung in Blöcke kann vor BBCHOL geschaltet
C werden (dann sind in AREAD nur die Adressen zu
C vermitteln) oder durch AREAD selbst vorgenommen
C werden. Zweitere Variante ist wesentlich uneffektiver,
C gleiches gilt sinngemäß auch für das Ausschreiben.
C Die Parameter sind im einzelnen:
C          A - Arbeitsfeld
C          N - Dimension der zu zerlegenden Matrix
C         ID - Bandbreite der zu zerlegenden Matrix
C          M - Dimension der quadratischen Blöcke
C              bzw. Dreiecksmatrizen, mit denen die
C              Zerlegung durchgeführt wird
C        LIN - logische Nummer der externen Einheit,
C              auf der die Eingabematrix gespeichert ist
```

```
C       KIN - Anfangsadresse auf LIN
C      LOUT - logische Nummer der externen Einheit,
C             auf der die Ergebnisse gespeichert werden
C             (da diese auch für die Berechnungen
C             noch benötigt werden, empfiehlt sich hier
C             ein Speicher mit schnellem Zugriff)
C      KOUT - Anfangsadresse auf LOUT
C Vorausgesetzt ist weiter, daß das Arbeitsfeld A
C außerhalb mindestens mit der Länge M*M im Falle
C M=ID und 3*M*M im Falle M.LT.ID vereinbart wurde.
C Die aufgerufenen Unterprogramme EXCHOL, EXMAT und
C EXBAND sind reine Hilfsprogramme, wo bestimmte
C Programmstücke zusammengefaßt sind.
C Anstelle der Hauptdiagonalelemente wird ihr
C reziproker Wert gespeichert.
C Wenn die Matrix nicht positiv definit ist, bricht
C die Zerlegung ab und gibt die Steuerung an das
C aufrufende Programm zurück (wenn nicht in FAIL
C ein STOP vorgesehen ist). Im COMMON-Block MODDET
C sind mehr Informationen enthalten (vgl. dazu das
C Reaktionsprogramm FAIL)
          CALL SAVEY (NN,N,IDD,ID,MM,M,LINN,LIN,KINN,KIN,
     1                LOUTT,LOUT,KOUTT,KOUT,7)
          MQ=M*M
          MD=(MQ+M)/2
          MH=MD-M
          DO 100 IS=1,N,M
          CALL EXCHOL(A,A(MD+1),IS)
          IF(REGUL.LT.0.0)   RETURN
          IZA=IS+M
          IZE=MINO(IS+ID-M,N)
          IF(IZA.GT.IZE)   GOTO 91
          DO 90 IZ=IZA,IZE,M
          CALL EXMAT(A,A(MQ+1),A(MQ+MQ+1),IZ,IS)
   90     CONTINUE
   91     CONTINUE
          IZE=IZE+M
          IF(IZE.GT.N)   GOTO 100
          CALL EXBAND(A,A(MD+1),IZE,IS)
  100     CONTINUE
          RETURN
          END
```

```
      SUBROUTINE EXCHOL(A,B,IZ)
      DIMENSION A(1), B(1)
      COMMON/MODDET/D,L,ISTEP,US,OS,COR,REGUL,IHD(3)
      COMMON/MODCHE/N,ID,M,LIN,KIN,LOUT,KOUT,
     1              MQ,MD,MH,IH(3)
C  In EXCHOL wird der in der Zeile IZ beginnende Block
C  an der Hauptdiagonalen (unterer Dreiecksblock)
C  berechnet.
      CALL AREAD(A,MD,LIN,KIN,IZ,IZ)
      ISE=IZ-M
      ISA=MAXO(1,IZ-ID)
      IF(IZ.LT.ID)   GOTO 20
      IF(IZ.EQ.ISA+M)   GOTO 10
      CALL AREAD(B,MH,LOUT,KOUT,IZ,ISA)
   10 CONTINUE
      CALL DREIT1(A,B,M)
      ISA=ISA+M
   20 CONTINUE
      IF(ISE.LT.ISA)   GOTO 31
      DO 30 IS=ISA,ISE,M
      CALL AREAD(B,MQ,LOUT,KOUT,IZ,IS)
      CALL MAT1(A,B,M)
   30 CONTINUE
   31 CONTINUE
      CALL CHOLSK(A,A,M)
      CALL AWRITE(A,MD,LOUT,KOUT,IZ,IZ)
      RETURN
      END


      SUBROUTINE EXMAT(A,B,C,IZ,IS)
      DIMENSION A(1), B(1)
      COMMON/MODCHE/N,ID,M,LIN,KIN,LOUT,KOUT,
     1              MQ,MD,MH,IH(3)
C  In EXMAT wird der in der Zeile IZ und Spalte IS
C  beginnende quadratische Block berechnet.
      CALL AREAD(A,MQ,LIN,KIN,IZ,IS)
      IZS=IS
      IZZ=IZ
      ISA=MAXO(IZ-ID,1)
      ISE=IS-M
      IF(IZ.LE.ID)   GOTO 10
```

```
      CALL AREAD(B,MQ,LOUT,KOUT,IZS,ISA)
      CALL AREAD(C,MH,LOUT,KOUT,IZZ,ISA)
      CALL DMAT1(A,C,B,M,M)
      ISA=ISA+M
   10 CONTINUE
      IF(ISA.GT.ISE)  GOTO 21
      DO 20 ISS=ISA,ISE,M
      CALL AREAD(B,MQ,LOUT,KOUT,IZS,ISS)
      CALL AREAD(C,MQ,LOUT,KOUT,IZZ,ISS)
      CALL MATRIX(A,1,1,M,B,1,M,1,C,1,1,M,M,-M,-M)
   20 CONTINUE
   21 CONTINUÉ
      CALL AREAD(B,MD,LOUT,KOUT,IS,IS)
      CALL SOLVE1(A,B,A,M,M)
      CALL AWRITE(A,MQ,LOUT,KOUT,IZ,IS)
      RETURN
      END


      SUBROUTINE EXBAND(A,B,IZ,IS)
      DIMENSION A(1), B(1)
      COMMON/MODCHE/N,ID,M,LIN,KIN,LOUT,KOUT,
     1               MQ,MD,MH,IH(3)
C In EXBAND wird der in der Zeile IZ und der Spalte IS
C beginnende Block an der Bandkante der Matrix
C (oberer Dreiecksblock) berechnet.
      IF(IZ.EQ.IS+M)  GOTO 10
      CALL AREAD(A,MD,LOUT,KOUT,IS,IS)
   10 CONTINUE
      CALL AREAD(B,MH,LIN,KIN,IZ,IS)
      CALL SOLD1(B,A,B,M)
      CALL AWRITE(B,MH,LOUT,KOUT,IZ,IS)
      RETURN
      END


      SUBROUTINE BBSOL(A,N,ID,IR,M,LMAT,KMAT,
     1                  LRIN,KRIN,LROUT,KROUT)
      DIMENSION A(1)
      COMMON/MODCHE/NN,IDD,MM,LM,KM,LI,KI,
     1               MQ,MD,MH,IRR,LO,KO
C
```

```
C BBSOL führt die Vorwärts- und Rückwärtsauflösung
C eines Gleichungssystems mit positiv definiten,
C symmetrischen Matrizen durch.
C Vorausgesetzt ist, daß die Matrix (durch BBCHOL)
C bereits zerlegt ist und sich auf einem externen
C Speicher befindet. Diese wird wieder in Blöcken
C verarbeitet und ist analog AREAD in BBCHOL hier
C über BREAD verfügbar.
C Von den rechten Seiten wird verlangt, daß diese
C ebenfalls in Blöcken strukturiert sind, wobei
C die Struktur hier fest vorgegeben ist:
C spaltenweise Abspeicherung der Blöcke und innerhalb
C der Blöcke ebenfalls Spalten.
C Wenn die Anzahl der rechten Seiten nicht durch die
C Blockgröße teilbar ist, wird die Spaltenzahl in der
C letzten Blockreihe entsprechend angepaßt.
C Die Parameter sind im einzelnen:
C        A - Arbeitsfeld
C        N - Dimension der Matrix
C       ID - Bandbreite der Matrix
C       IR - Anzahl der rechten Seiten
C        M - Dimension der Blöcke, mit der
C            bei der Auflösung gearbeitet wird
C     LMAT - Log. Nr. der ext. Einheit, auf der die
C            zerlegte Koeffizientenmatrix gespeichert ist
C     KMAT - Anfangsadresse auf LMAT
C     LRIN - Log. Nr. der ext. Einheit, auf der die
C            rechten Seiten gespeichert sind
C     KRIN - Anfangsadresse auf LRIN
C    LROUT - Log. Nr. der ext. Einheit, auf der die
C            Resultate gespeichert sind
C    KROUT - Anfangsadresse auf LROUT
C Die Strukturierung der Resultate ist analog den
C rechten Seiten.
C Die rechten Seiten dürfen durch die Ergebnisse
C überschrieben werden.
C Für die zu vereinbarende Länge L des Arbeitsfeldes A
C gilt:     L.GE. M*M + 2*M*MIN(IR,M)
C
            CALL SAVEY(NN,N,IDD,ID,MM,M,LM,LMAT,KM,KMAT,
         1             LI,LRIN,KI,KRIN,LO,LROUT,KO,KROUT,9)
            MQ=M*M
```

```
      MD=(MQ+M)/2
      MH=MD-M
      IRL=0
      IRR=M
10    CONTINUE
      IF(IRL+IRR.GT.IR)   GOTO 20
      CALL BBSOLL(A,A(MQ+1),A(MQ+MQ+1))
      KI=KI+IRR*N
      KO=KO+IRR*N
      IRL=IRL+IRR
      GOTO 10
20    CONTINUE
      IRR=IR-IRL
      IF(IRR.EQ.0)   RETURN
      GOTO 10
      END


      SUBROUTINE BBSOLL(A,B,C)
      DIMENSION A(1), B(1), C(1)
      COMMON/MODCHE/N,ID,M,LM,KM,LI,KII,
     1              MQ,MD,MH,IR,LO,KOO
      KI=KII
      KO=KOO
      KOII=KOO
      MIR=M*IR
      DO 100 IZ=1,N,M
      CALL RREAD(LI,A,A(MIR),KI)
      KI=KI+MIR
      ISA=MAXO(1,IZ-ID)
      IF(IZ.LE.ID)   GOTO 10
      CALL RREAD(LO,B,B(MIR),KOII)
      KOII=KOII+MIR
      CALL BREAD(C,MH,LM,KM,IZ,ISA)
      ISA=ISA+M
      CALL DMAT2(A,C,B,IR,M)
10    CONTINUE
      KOI=KOII
      ISE=IZ-1
      IF(ISA.GT.ISE)   GOTO 21
      DO 20 IS=ISA,ISE,M
      CALL RREAD(LO,B,B(MIR),KOI)
```

```
      KOI=KOI+MIR
      CALL BREAD(C,MQ,LM,KM,IZ,IS)
      CALL MATRIX(A,1,M,1,C,1,M,1,B,1,M,1,M,-IR,-M)
20    CONTINUE
21    CONTINUE
      CALL AREAD(B,MD,LM,KM,IZ,IZ)
      CALL SOUSK1(A,B,A,IR,M)
      CALL RWRITE(LO,A,A(MIR),KOI)
100   CONTINUE
      KI=KI+KOO-KII
      IS=N+1
      KOII=KOO+N*IR
      DO 200 I=1,N,M
      IS=IS-M
      KI=KI-MIR
      CALL RREAD(LO,A,A(MIR),KI)
      IZE=IS+M
      IZA=MINO(N,IS+ID-1)
      IF(IZA.EQ.N)   GOTO 30
      KOII=KOII-MIR
      CALL RREAD(LO,B,B(MIR),KOII)
      CALL BREAD(C,MH,LM,KM,IZA+1,IS)
      CALL DMAT3(A,C,B,IR,M)
30    CONTINUE
      KOI=KOII
      IF(IZE.GT.IZA)   GOTO 41
      IZ=IZA+1
      DO 40 J=IZE,IZA,M
      IZ=IZ-M
      KOI=KOI-MIR
      CALL RREAD(LO,B,B(MIR),KOI)
      CALL BREAD(C,MQ,LM,KM,IZ,IS)
      CALL MATRIX(A,1,M,1,C,1,1,M,B,1,M,1,M,-IR,-M)
40    CONTINUE
41    CONTINUE
      CALL BREAD(B,MD,LM,KM,IS,IS)
      CALL SOOZK1(A,B,A,IR,M)
      CALL RWRITE(LO,A,A(MIR),KI)
200   CONTINUE
      RETURN
      END
```

PROGRAMMPAKET FÜR LINEARE GLEICHUNGSSYSTEME MIT SCHWACH BESETZTEN MATRIZEN

W. Burmeister

0. Einführung

In mathematischen Modellen komplizierter Prozesse und Systeme treten häufig lineare Zusammenhänge zwischen vielerlei Größen auf. Ihre Beschreibung und die Lösung der damit verbundenen Zielstellung übersteigen von einer bestimmten Kompliziertheit ab die Möglichkeiten der vorhandenen Rechenanlagen. Oft gelingt die Lösung umfangreicher mathematischer Aufgaben nicht, weil diese auf große Matrizen führen, die mit klassischen Methoden aus Speicherplatz- und Aufwandsgründen nicht behandelt werden können. Wenn man jedoch berücksichtigt, daß solche Matrizen gewöhnlich zu fast 100 % aus Nullelementen bestehen, d. h. schwach besetzt sind, kann die maximale Problemgröße durch angepaßte Speicher- und Verarbeitungstechniken beträchtlich heraufgesetzt werden. Dazu trägt in erster Linie die Kompaktspeicherung von schwach besetzten Matrizen bei. Das bedeutet, daß im Rechner nur die von Null verschiedenen Elemente gespeichert und durch entsprechende Indexinformation ergänzt werden. Infolgedessen müssen aber klassische Lösungsverfahren wie das Simplexverfahren für Linearoptimierungsprobleme und der Gaußsche Algorithmus für lineare Gleichungssysteme so umgearbeitet werden, daß überflüssige Operationen mit Nullen vermieden werden.
Die Kompaktspeicherung bietet vor allem drei Vorteile:

a) geringerer Speicherplatzbedarf,
b) wenn dennoch periphere Speicher erforderlich sind, Herabsetzung der Anzahl der Zugriffsoperationen (Transfers),
c) geringere Anzahl arithmetischer Operationen (bei geeigneter Organisation des Lösungsverfahrens).

Als Nachteil fällt ins Gewicht, daß der Anteil der nichtarithmetischen Operationen (Indexrechnungen) am Gesamtaufwand erheblich anwächst; dies wird jedoch von dem Vorteil unter c) bei weitem aufgewogen, wenn die Besetztheitsdichte der Matrix unter 10-25 % (je nach Aufgabenstellung) liegt. In den Anwendungen auftretende Matrizen, deren Dimension etwa 1000 beträgt, weisen eine Besetztheitsdichte von 0,3-1,5 % auf.
In der vorliegenden Arbeit wird die Lösung linearer Gleichungssysteme mit schwach besetzten Koeffizientenmatrizen mittels direkter Verfahren

behandelt. Diese Problemstellung besitzt einerseits selbständiges Interesse, andererseits tritt sie bei der Linearisierung nichtlinearer Modelle als Hilfsaufgabe auf.
Nach der Darstellung theoretischer Grundlagen (Gaußscher Algorithmus) und rechentechnischer Methoden (Kettenlistenverarbeitung) wird ausführlich auf die Implementierung der Lösungsverfahren eingegangen. Dazu wird das am Wissenschaftsbereich Numerische Mathematik der Sektion Mathematik der TU Dresden entwickelte Programmpaket "Lineare Gleichungssysteme mit schwach besetzten Matrizen" vorgestellt und seine Anwendung, einschließlich der Parameterlisten und Berechnungsvarianten, beschrieben.

1. Aufgabenstellung und Einordnung der Lösungsverfahren

Für eine gegebene, schwach besetzte, reguläre Matrix A von der Dimension (N,N) und einen gegebenen Vektor $b \in R^N$ ist derjenige Vektor $x \in R^N$ gesucht, der das Gleichungssystem

$$Ax = b \qquad (1)$$

löst. Die Verfahren zur Lösung dieser Aufgabe lassen sich in direkte und iterative Verfahren einteilen.
Die Vorteile direkter Verfahren sind:
a) universelle Anwendbarkeit (die Grenzen der Anwendbarkeit werden nur durch die Problemgröße bestimmt)
b) Endlichkeit des Algorithmus
c) für abgeänderte rechte Seiten b (bei unveränderter Matrix A) können die Lösungen mit nur geringem Zusatzaufwand berechnet werden.
Andererseits können in hierfür speziell geeigneten Fällen iterative Verfahren vorteilhafter sein, da sie
a) jederzeit mit einer mehr oder weniger guten Näherung für die Lösung abgebrochen werden können
b) einen vorher festliegenden und im Laufe der Durchführung nicht mehr anwachsenden Speicherplatzbedarf haben.
In dieser Arbeit werden ausschließlich direkte Verfahren behandelt. Als Grundlage aller direkten Verfahren kann der Gaußsche Algorithmus bzw. das Austauschverfahren betrachtet werden. Da in den meisten Fällen nicht nur ein System (1), sondern viele Systeme mit gleicher Struktur (evtl. sogar mit derselben Koeffizientenmatrix A) zu lösen sind, kann bei entsprechender Organisation der eine oder der andere Teilschritt

des Algorithmus eingespart werden. Dieser Umstand ist für die Effektivität der Lösungsverfahren entscheidend und wurde bei der Programmierung entsprechend berücksichtigt.

2. Der Gaußsche Algorithmus

Bei der klassischen Variante des Gaußschen Algorithmus wird eine geeignet gewählte Gleichung des Systems (1) nach der ersten Komponente x_1 des Lösungsvektors $x = (x_1, x_2, \ldots, x_N)^T$ aufgelöst und der erhaltene Ausdruck in die übrigen N-1 Gleichungen eingesetzt. Diese N-1 Gleichungen mit den Unbekannten $x_2, \ldots, x_N$ werden auf die gleiche Weise weiter reduziert usw. Nach dem N-ten Schritt ist x_N bekannt, und aus den aufgelösten Gleichungen der vorhergehenden Schritte können nacheinander $x_{N-1}, \ldots, x_2, x_1$ berechnet werden.
Der Vektor der rechten Seiten b nimmt hier von Anfang an an der Rechnung teil. Man kann die Operationsreihenfolge so umordnen, daß in einem ersten Teilschritt nur Operationen mit der Koeffizientenmatrix vorgenommen werden. Dieser Schritt wird als Dekomposition oder Faktorisierung der Matrix A bezeichnet und bildet am Gesamtaufwand zur Lösung von (1) den Hauptanteil. Im zweiten Teilschritt werden die erforderlichen Operationen mit dem Vektor der rechten Seiten nachgeholt (Vorwärtselimination) und schließlich die oben schon erläuterte Rücksubstitution ausgeführt. In dieser Form wird der Gaußsche Algorithmus meist bevorzugt und im folgenden beschrieben.

2.1. Faktorisierung der Matrix A

Als Vorbereitung für die Lösung des Systems (1) soll die Matrix A in ein Produkt

$$A = L\,U \tag{2}$$

zerlegt werden, wobei L eine untere Dreiecksmatrix mit Einsen als Diagonalelementen und U eine obere Dreiecksmatrix ist. Offenbar ist dann die erste Zeile u_1^T von U gleich der ersten Zeile von A, und die erste Spalte l_1 von L ist die erste Spalte von A, dividiert durch u_{11}. Allgemein ist u_i^T gleich der i-ten Zeile der Matrix

$$A_i = A - l_1 u_1^T - \ldots - l_{i-1} u_{i-1}^T \, , \tag{3}$$

und l_i ist die durch u_{ii} dividierte i-te Spalte derselben Matrix. Dies wird für i=1,...,N berechnet und liefert (2). Der Algorithmus ist aber in dieser Form nicht sehr brauchbar. Man muß dafür sorgen, daß u_{ii}, das Element (i,i) der Matrix A_i, von Null verschieden und überdies betragsmäßig nicht zu klein wird, um Durchführbarkeit und numerische Stabilität zu gewährleisten. Hierzu wird durch Zeilen- und Spaltenvertauschung ein geeignetes Element (p,q) der Matrix A_i auf den Platz (i,i) gebracht, bevor u_i^T und l_i bestimmt werden. Statt (3) wird also die Formel

$$A_i = P_i(A_{i-1} - l_{i-1}u_{i-1}^T)Q_i \quad \text{mit} \quad A_1=P_1AQ_1 \tag{4}$$

benutzt, in der die Permutationsmatrizen P_i bzw. Q_i das Vertauschen der Zeilen i und p bzw. der Spalten i und q bewirken. An die Stelle von (2) tritt nun die Zerlegung

$$A = P_1L_1P_2L_2 \dots P_NL_NU_NQ_N \dots U_2Q_2U_1Q_1 \; ; \tag{5}$$

dabei ist l_i die i-te Spalte von L_i und u_i^T die i-te Zeile von U_i, und die übrigen Spalten von L_i bzw. Zeilen von U_i stimmen mit denen der Einheitsmatrix überein.

Eine Faktorisierung der Form (5), in die Zeilen und Spalten der Matrix gleichberechtigt eingehen, wurde anscheinend zuerst von Zollenkopf (1971) betrachtet. Zu ihrer Speicherung sind für jedes i=1,...,N die i-te bis N-te Komponente von u_i, die (i+1)-te bis N-te Komponente von l_i sowie zwei Indizes $p \geq i$ und $q \geq i$ anzugeben.

Die insgesamt durchzuführenden Zeilen- und Spaltenvertauschungen werden durch die Permutationsmatrizen

$$P = P_1P_2 \dots P_N \quad , \quad Q = Q_N \dots Q_2Q_1$$

wiedergegeben. Geringfügige Abänderungen im Algorithmus ermöglichen es, die P_i und Q_i zusammenzufassen. Dazu möge die Matrix

E_i aus L_i durch Linksmultiplikation der i-ten Spalte mit $P_N \dots P_{i+1}$

F_i aus U_i durch Rechtsmultiplikation der i-ten Zeile mit $Q_{i+1} \dots Q_N$

entstehen, dann ist

$$A = P\, E_1 E_2 \ldots E_N F_N \ldots F_2 F_1 \qquad Q = P\, L\, U\, Q. \qquad (6)$$

Durch Zusammenfassen "nach innen" kann schließlich (5) noch als

$$A = S_1 S_2 \ldots S_N P\, Q\, T_N \ldots T_2 T_1 \qquad (7)$$

mit

$$S_i = P_1 \ldots P_i L_i P_i \ldots P_1 \;,\; T_i = Q_1 \ldots Q_i U_i Q_i \ldots Q_1$$

geschrieben werden.

Diskussion:

In der Variante (6) haben $L=E_1 \ldots E_N$ untere und $U=F_N \ldots F_1$ obere Dreiecksform. Die Variante (7) besitzt nicht diese Eigenschaft (außer für $P=Q=I$ (Einheitsmatrix), wo (5) - (7) identisch sind). Sie gestattet aber, ganz ohne physische Vertauschung von Zeilen und Spalten (wie in (4)) auszukommen. Im Programmpaket wird die Zerlegung (7) zugrundegelegt.

2.2 Vorwärtselimination und Rücksubstitution

Ausgehend von einer Zerlegung (5), (6) oder (7) ist die Lösung des Systems (1) mit beliebig vielen gleichzeitig oder nacheinander anfallenden rechten Seiten b möglich. Die Faktoren der Zerlegung lassen sich, da sie sich nur in einer Spalte bzw. Zeile von der Einheitsmatrix unterscheiden oder Permutationsmatrizen sind, leicht invertieren und von links nach rechts auf die rechte Seite anwenden. Bei (7) wird zwischen Vorwärtselimination

$$y = S_N^{-1} \ldots S_2^{-1} S_1^{-1} b$$

und Rücksubstitution

$$x = T_1^{-1} T_2^{-1} \ldots T_N^{-1} z$$

eine Vertauschungsoperation $z = Q^T P^T y$ eingeschoben; bei (6) und (5) findet diese vorher und nachher bzw. gleichzeitig statt. Die Permutationen treten bei zweckmäßiger Organisation der Indexrechnungen kaum praktisch in Erscheinung, und der damit verbundene Aufwand kann vernachlässigt werden.

2.3. Systeme mit symmetrischer Koeffizientenmatrix

Falls die Matrix A symmetrisch ist, so ist es evtl. möglich, durch die Einschränkung $P_i=Q_i$, d. h. p=q, in (4) die Symmetrie beizubehalten. In diesem Falle brauchen nur die Vektoren u_i gespeichert zu werden, da $l_i=u_i/u_{ii}$ gilt. Theoretisch kann jedoch, selbst bei regulärer Matrix A, das Versagen des Verfahrens wegen $u_{ii}=0$ nicht ausgeschlossen werden; in diesem Fall muß das System (1) wie in 2.1., 2.2. behandelt werden, was einen erhöhten Speicherplatzbedarf bedeutet.

3. Kettenlistenverarbeitung

Bei der Durchführung der Faktorisierung nach 2.1. müssen wie in (3) die Elemente der Matrix A ständig modifiziert werden. Bei einer schwach besetzten Matrix A sind davon auch die Nullelemente betroffen, so daß die Anzahl der von Null verschiedenen Elemente der Matrizen A_i und der Vektoren $l_1,u_1,\ldots,l_{i-1},u_{i-1}$ zusammengenommen während der Faktorisierung im allgemeinen zunimmt. Die Kompaktspeicherung dieser Elemente muß daher so organisiert sein, daß sich folgende Aufgaben leicht lösen lassen:

a) Auffinden aller Nichtnullelemente einer gegebenen Zeile bzw. Spalte;
b) Bestimmung des Zeilen- bzw. Spaltenindex eines gegebenen Elements;
c) Auffinden eines Elements mit gegebenen Zeilen- und Spaltenindizes (i,j), wenn vorhanden; anderenfalls
d) Hinzufügen eines Elements (i,j), das bisher gleich 0 war.

Bei der Ausführung von d) soll das Anfügen des Elements am Ende ermöglicht werden, damit die ständige Verschiebung eines Teils der Matrix, um dem neuen Element Platz zu machen, vermieden wird. Die Gesamtheit dieser Forderungen kann nach Rheinboldt/Mesztenyi (1973) erfüllt werden, wenn die kompakt gespeicherten Nichtnullelemente in zeilenweise und spaltenweise verbundenen Kettenlisten organisiert werden. Die Elemente einer bestimmten Zeile bzw. Spalte müssen nicht physisch aufeinander folgen, aber sie sind durch Verweisindizes zu einem Zyklus verknüpft. Das Durchlaufen eines solchen Zyklus löst die Aufgaben a) und b). Aufgabe c) wird gelöst, indem das gemeinsame Element des zur i-ten Zeile und des zur j-ten Spalte gehörigen Zyklus ermittelt wird. Schließlich wird d) so gelöst, daß der zur i-ten Zeile bzw. der zur j-ten Spalte gehörige Zyklus an seinem "Anfangspunkt" aufgetrennt und das neue Element in den Zyklus aufgenommen wird (ein solcher "Anfangspunkt" wird auch bei der Durchführung von b) benötigt). Bei der Implementierung werden dem Feld, das die numerischen Werte der Matrixelemente enthält, also zwei weitere Felder der gleichen Länge zur Seite gestellt, durch die die zyklische Verkettung der Zeilen bzw. Spalten realisiert wird.

4. Beschreibung des Programmpaketes

Mit Hilfe des Programmpaketes ist die effektive Lösung linearer Gleichungssysteme (1) mit schwach besetzter Koeffizientenmatrix A möglich. Für die Bereitstellung der Koeffizientenmatrix A in der im Abschnitt 3. beschriebenen Weise stehen drei Unterprogramme zur Verfügung. Die in den Abschnitten 2.1. bzw. 2.2. beschriebenen Teilschritte werden durch je ein Unterprogramm realisiert.
Die Programme liegen für die Rechenanlage BESM-6 in BESM-FORTRAN sowie teilweise in SIBESM-69 und für Anlagen der ESER-Reihe in ESER-FORTRAN unter teilweiser Verwendung von Assemblerhilfsprogrammen vor. Sämtliche Programme liegen in verschiedenen Varianten vor, sie unterscheiden sich dabei

- im Typ der Koeffizientenmatrix
  (1a) beliebig, (1b) symmetrisch
- im verwendeten Speichermedium
  (2a) Hauptspeicher, (2b) Externspeicher (Trommel bzw. Platte, nur für BESM-6)
- in der Art der Abspeicherung der doppelt verketteten Listen
  (3a) in zwei getrennten Feldern (für ESER)
  (3b) in einem Feld (für BESM-6)
- im Typ der Arithmetik
  (4a) einfach genaue Rechnung, (4b) doppelt genaue Rechnung.

4.1. Allgemeiner Ablauf des Lösungsprozesses

Vor Beginn des Lösungsprozesses muß die schwach besetzte Koeffizientenmatrix A vom Anwender in einer kompakt gespeicherten Form bereitgestellt werden. Dazu dienen die Unterprogramme ZERO, LINK und ggf. INDX, deren Benutzung ohne Kenntnis der im Abschnitt 3 beschriebenen Speichertechnik möglich ist.
Mit der Eröffnungsroutine ZERO wird ein Ausgangszustand erzeugt, der einer kompakt gespeicherten Nullmatrix entspricht. Durch wiederholtes Aufrufen der Generierungsroutine LINK werden dann die Nichtnullele-

mente (NNE) von A nacheinander abgespeichert und verkettet. Falls erforderlich, kann mittels der Funktion INDX festgestellt werden, ob ein spezielles Element bereits verkettet worden ist und an welchem Platz es sich befindet.
Nach Bereitstellung von A wird mit der Routine DECO eine Faktorisierung der Matrix A in der im Abschnitt 2.1. beschriebenen Weise vorgenommen. Die dabei entstehenden Vektoren l_i und u_i (Pivotspalten und Pivotzeilen) werden wieder kompakt abgespeichert, wobei die Originalmatrix und ihre doppelt verkettete Struktur zerstört werden. Es ist zu beachten, daß für die während des Eliminationsprozesses neu entstehenden NNE genügend Speicherplatz im voraus bereitzustellen ist.
Während der Faktorisierung erfolgt die Wahl des Pivotelements u_{ii} nach einer gemischten Strategie, die einen Kompromiß zwischen der Minimierung der Anzahl der neu entstehenden NNE und der Erzielung einer hohen Genauigkeit darstellt. Eine Betonung der einen bzw. der anderen Zielstellung kann durch entsprechende Parameterwahl realisiert werden. Die Vorgabe einer (bei einer vorher durchgeführten Faktorisierung) bestimmten Pivotfolge ist ebenfalls möglich, was unter Umständen zu erheblichen Rechenzeiteinsparungen führen kann. Die Lösung eines Gleichungssystems mit der rechten Seite b erfolgt mit Hilfe der Routine BACK, in der die erforderliche Vorwärtselimination und Rücksubstitution unter Verwendung der bereits berechneten Faktorisierung durchgeführt wird. Nach einmaligem Aufruf der Routine DECO ist die mehrmalige Benutzung der Routine BACK mit verschiedenen rechten Seiten möglich. Dies tritt auf, wenn mehrere lineare Gleichungssysteme gelöst werden sollen, die sich nur in der rechten Seite unterscheiden. Falls alle rechten Seiten gleichzeitig vorliegen, entspricht das der Lösung einer linearen Matrizengleichung

$$A\,X = B \quad , \quad A\ (N,N)\text{-Matrix}, \quad B,X\ (N,M)\text{-Matrizen}$$

für die gesuchte Matrix X.
Die Datenübermittlung sowie eventuelle Fehlermitteilungen erfolgen ausschließlich über die Parameterlisten der Programme. Sämtliche Ein- und Ausgabeoperationen (Karten, Magnetband, Magnetplatte, Drucker) sind vom Anwender zu organisieren. Auch der Ablauf des Lösungsprozesses muß von ihm in einem Rahmenprogramm selbst gesteuert werden. Ein für diesen Zweck geeignetes Standardrahmenprogramm ist im Anhang angegeben.

4.2. ESER-Version des Programmpaketes

4.2.1. Assembler-Hilfsprogramme

Um eine hohe Auslastung des Hauptspeichers zu ermöglichen, werden intern mehrere INTEGER-Zahlen in einem Wort untergebracht. Diese Speicherungsart zieht folgende Beschränkungen nach sich:

$$N \leq 4095 \quad \text{und} \quad M1 \leq 32767-N,$$

wobei N die Dimension der Matrix A und M1 die Anzahl der NNE nach erfolgter Faktorisierung bezeichnen. Die Verarbeitung der gepackten INTEGER-Zahlen erfolgt über das Hilfsprogramm NG mit den Entrys C,R, KND,KNG,KC und KR. Diese Routinen sind in Assemblersprache geschrieben und mit den Betriebssystemen DOS und OS verträglich.

Routinen zum Packen

Unterprogramme NG, C und R

Aufrufe	CALL NG(I,X)
	CALL C(I,X)
	CALL R(I,X)
Parameter	I - INTEGER-Variable oder -Ausdruck
	X - Variable beliebigen Typs (4 byte)

Bemerkungen:

Nach der für ESER-Anlagen üblichen Zählweise (1 Wort = Bit 0-31 von links nach rechts) werden bei NG die 12 wertniedrigsten Bits von I in die Bits 8-19 von X, bei C bzw. R die 16 wertniedrigsten Bits von I in die Bits 0-15 bzw. 16-31 von X eingetragen.

Routinen zum Auspacken

Unterprogramme KND, KNG, KR und KC

Aufrufe	K = KND(X)
	K = KNG(X)
	K = KR(X)
	K = KC(X)
Parameter	X - Variable beliebigen Typs (4 byte)

Bemerkungen:

Die Bits 20-31 (bei KND)

8-19 (bei KNG)
16-31 (bei KR)
0-15 (bei KC)

werden in die wertniedrigsten Bits eines sonst leeren Wortes übertragen. Dieses Wort ist der Wert der Funktion und kann INTEGER-Variablen zugewiesen werden oder in arithmetische Ausdrücke eingehen.
Weitere Hilfsprogramme, die auf die Bits 0-7 zurückgreifen, sind für das Abspeichern von Skalierungsexponenten vorgesehen. Bei den bisher vorhandenen Programmen sind diese Bits mit Null belegt.
Für die Behandlung der im Abschnitt 3. genannten Teilaufgabe c) ist ferner die Assembler-Funktion ISECTH vorhanden, deren Aufruf im Abschnitt 4.2.2. beschrieben wird.

4.2.2. NH-Variante (beliebige Matrix, einfache Genauigkeit)

Für diese Variante wird der Zustand einer schwach besetzten Matrix A durch die Parameter N,M,MX,B,GR,GC,IR,IC und CT wiedergegeben. Dabei bedeuten

- N - Dimension der Matrix A.
- M - Parameter, der die Anzahl der bereits belegten Feldelemente von B, GR und GC angibt. Die Anzahl M1 der gespeicherten NNE der Matrix ist M1=M-N.
- MX - Zulässiger Maximalwert für M. Er beschreibt den zur Verfügung stehenden Speicherplatz. MX muß so groß gewählt werden, daß die Gesamtzahl der nach der Faktorisierung vorhandenen NNE nicht größer als MX-N ist.
- B - Eindimensionales Feld der Länge MX. Es enthält in B(N+1),...,B(M) die Werte der NNE von A. Die Elemente B(1),...,B(N) werden nicht benötigt. Sie können anderweitig verwendet werden (z. B. zum Speichern einer Pivotfolge).
- GR,GC - Eindimensionale Felder der Länge MX.
  Das Feldelement GR(I) (I=1,...,N) enthält den Index des zuletzt verketteten Elements von A in der Zeile I. Der Wert dieses Elements ist also in B(GR(I)) zu finden.
  Für K=N+1,...,M enthält G(K) im Fall GR(K) > N den Index eines weiteren Elements B(GR(K)) derselben Zeile, zu der das Element B(K) gehört. Im Fall 1 ≦ GR(K) ≦ N ist GR(K) der zum Element B(K) gehörige Zeilenindex, und B(K) ist das in dieser Zeile zuerst verkettete Element.
  Beginnend mit B(GR(I)) können daher nacheinander alle zur

I-ten Zeile gehörenden Matrixelemente gefunden werden. Die Größen GC(J) (J=1,...,N) und GC(K) (K=N+1,...,M) haben dieselbe Bedeutung in bezug auf die Spalten der gespeicherten Matrix.

IR,IC - Eindimensionale Felder der Länge N. IR(I) bzw. IC(J) enthält die Anzahl der NNE in der I-ten Zeile bzw. J-ten Spalte der Matrix.

CT - Parameter, der stets den Wert des betragsgrößten Matrixelements bzw. bei Abbruch eine Fehleranzeige enthält.

Bis auf die INTEGER*2 - Felder GR,GC ist für alle Unterprogramme der Typ der Parameter durch die FORTRAN-Standardvereinbarung festgelegt.

Unterprogramm NHZERO

Kompaktspeicherung einer Nullmatrix

Aufruf CALL NHZERO(N,M,GR,GC,IR,IC,CT)

Parameter			
	N	(E)	siehe oben
	M,GR,GC,IR,IC,CT	(A)	

Bemerkung:

Die Parameter sind nach Abarbeitung von NHZERO wie folgt belegt:
M = N, CT = O, GR(I) = GC(I) = I, IR(I) = IC(I) = O (I=1,...,N).

Unterprogramm NHLINK

Hinzufügen eines weiteren NNE zu den bereits gespeicherten Elementen der Matrix

Aufruf CALL NHLINK(N,M,MX,B,GR,GC,IR,IC,CT,V,I,J)

Parameter			
	N	(E)	siehe oben
	M	(E/A)	
	MX	(E)	
	B,GR,GC,IR,IC	(E/A)	
	CT	(E)	CT ≧ O: Betragsgrößtes Element der bisher in B abgespeicherten Matrix.
		(A)	CT ≧ O: Betragsgrößtes Element der nach Aufruf von NHLINK in B abgespeicherten Matrix
			CT =-1: Das Element V ≠ O kann wegen zu kleinem MX

		nicht mehr verkettet werden, da bereits M ≧ MX ist
V	(E)	Wert des neu hinzuzufügenden NNE der Matrix A
I	(E)	Zeilenindex des Elements V
J	(E)	Spaltenindex des Elements V

Gerufene Unterprogramme: Keine

Bemerkungen:

1. Im Fall V = 0 wird das Element nicht verkettet und die Routine mit unveränderten Parametern verlassen.
2. Ist CT = 0 nach Verlassen von NHLINK, so wurde noch kein NNE verkettet.

INTEGER-Funktionen INDXNH, ISECTH

Ermittlung des Feldindex K des Elements a_{ij} der Matrix A im Feld B

Aufrufe K = INDXNH(N,GR,GC,I,J)
K = ISECTH(I,J,GR,GC)

Parameter	N,GR,GC (E)	siehe oben
	I,J (E)	Zeilen- bzw. Spaltenindex

Bemerkungen:

INDXNH > 0 : Das NNE a_{ij} ist bereits verkettet und in B(INDXNH(N,GR,GC,I,J)) abgespeichert.
INDXNH = 0 : Das Element a_{ij} wurde noch nicht verkettet.
INDXNH =-1 : I oder J liegen nicht in den Grenzen von 1 bis N.
Falls 1 ≦ I, J ≦ N, so sind die Aufrufe K = INDXNH(N,GR,GC,I,J) und K = ISECTH(I,J,GR,GC) äquivalent.

Gerufene Unterprogramme: ISECTH (bei INDXNH)

Unterprogramm NHDECO

Faktorisierung der Matrix A nach dem Gaußschen Algorithmus

Aufruf CALL NHDECO(N,M,MX,B,GR,GC,IR,IC,IP,CT,PIV)

Parameter Die Parameter M,B,GR,GC,IR,IC und CT sind durch den Aufruf der Routinen NHZERO und NHLINK belegt worden. Nach Abarbeitung von NHDECO stehen im Feld B die Werte der Nichtnullelemente für die Faktorisierung von A.

N,MX	(E)	siehe oben
M	(E)	siehe oben
	(A)	Anzahl der bei Verlassen von NHDECO belegten Elemente der Felder B, GR und GC.
B,GR,GC	(E/A)	siehe oben und Erläuterung zu M
IR,IC	(E)	siehe oben
	(A)	Nicht definiert (dient zur Speicherung von Zwischenergebnissen)
IP	(E/A)	Eindimensionales Feld der Länge N.
	(E)	Im Fall PIV < 0 enthält IP die vorgegebene Pivotfolge, d. h., im I-ten Eliminationsschritt wird B(IP(I)) als Pivotelement gewählt (I=1,...,N). Im Fall PIV ≥ 0 braucht IP nicht belegt zu werden.
	(A)	Im Fall PIV ≥ 0 enthält IP die von NHDECO bestimmte Pivotfolge, im Fall PIV < 0 wird die vorgegebene Reihenfolge nicht verändert.
CT	(E/A)	dient zur Information des Anwenders.
	(E)	CT > 0 ist der Betrag des betragsgrößten Matrixelements. CT ≤ 0 bewirkt sofortigen Rücksprung aus NHDECO, wobei alle Parameter unverändert bleiben.
	(A)	CT > 0: Faktorisierung erfolgreich beendet, CT ist der Betrag des betragsgrößten während der Faktorisierung entstandenen Matrixelements. CT = 0: Matrix A singulär (A ist entweder eine Nullmatrix, oder in einem Eliminationsschritt treten in mindestens einer Zeile oder Spalte nur Nullelemente auf). CT = -1: M ≥ MX, d. h., der zur Verfügung gestellte Speicherplatz reicht nicht mehr aus. CT = -2: Es gibt keine zulässigen Pivotkandidaten (siehe Erläuterung

zu PIV), Matrix fast singulär.
CT = -3: Im Falle PIV < 0 ist
N < IP(I) ≦ M nicht erfüllt.
CT = -4: Im Falle PIV < 0 hat ein Pivotelement den Wert Null.
Nach dem Setzen des Fehlerindikators wird aus dem Unterprogramm zurückgesprungen.

PIV (E) Pivotwahlparameter
$0 < PIV \leqq 1$: Es werden als Pivotelement nur solche Elemente B(K) zugelassen, deren Betrag größer als die Schranke
$\max \{ PIV.\max(|B(K)|), 10^{-10} \}$
ist, wobei B(K) die Elemente derjenigen Zeile oder Spalte durchläuft, die am wenigsten NNE hat.
PIV = 0: Die Schranke für die Pivotelemente ist hier mit 10^{-8} festgelegt.
PIV < 0: Die Pivotfolge wird über das Feld IP bereitgestellt (siehe Erläuterung zu IP).

Gerufene Unterprogramme: KND,KNG,NG,ISECTH,KR

Bemerkungen:

1. In der Routine erfolgt eine Suche nach Pivots, die in Abhängigkeit von PIV den genannten Stabilitätskriterien in bezug auf Rundungsfehler genügen und dabei die Anzahl der neu hinzukommenden NNE minimieren. Wenn PIV = 0 gewählt wird, so wird eine Minimierung der Anzahl der NNE ohne Rücksicht auf Stabilität angestrebt. Daher können Rundungsfehler das Ergebnis in stärkerem Maße verfälschen. Nach vorliegenden Testrechnungen sollte man PIV zwischen 0.2 und 0.5 wählen.
2. Wenn PIV > 1 angegeben wurde, dann wird PIV = 1 gesetzt.
3. Die im Programm verwendete Pivotwahlstrategie arbeitet am besten, wenn die Elemente der Matrix vorher skaliert sind, so daß ihre Beträge in der Größenordnung von 1 liegen. Siehe Curtis/Reid (1971 b).
4. Hat man ein lineares Gleichungssystem gelöst, so kann man ein zweites Problem mit der bereits ermittelten und im Feld IP gespeicherten Pivotfolge lösen, sofern die gleiche Matrixstruktur vorliegt,

die Matrixelemente in der gleichen Reihenfolge an NHLINK übergeben wurden und sich die Matrizen nur wenig voneinander unterscheiden. Dazu ist nach dem Aufbau einer neuen Matrix lediglich für die folgende Rechnung PIV $<$ 0 zu setzen.

5. Während der Faktorisierung wächst M im allgemeinen auf das Zwei- bis Fünffache an, so daß MX genügend groß zu wählen ist.
6. Um den Speicherplatz effektiv auszunutzen, empfiehlt es sich, die frei verfügbaren Feldelemente B(1),...,B(N) z. B. für das Feld IP zu verwenden, was entweder mit der Äquivalenz EQUIVALENCE (B,IP) oder durch Aufruf von NHDECO und NHBACK mit dem Parameter B anstelle von IP erfolgen kann.

<u>Unterprogramm NHBACK</u>

Vorwärtselimination und Rücksubstitution

Aufruf	CALL NHBACK(N,B,GR,GC,IP,RS,H,CT)		
Parameter	N,B,GR,GC,IP	(E)	siehe oben
	RS	(E/A)	Feld der Dimension N
		(E)	Rechte Seite des Gleichungssystems (1)
		(A)	Lösungsvektor
	H		Hilfsfeld der Dimension N
	CT	(E)	Falls CT $\leqq$ 0 (wegen erfolglosem Aufruf von NHDECO), Rücksprung aus dem Unterprogramm.

Gerufene Unterprogramme: KR

Bemerkungen:

1. Zur besseren Ausnutzung des Speicherplatzes ist es günstig, für das Feld H eines der nach Abarbeitung von NHDECO nicht mehr benötigten Felder IR, IC zu benutzen.
2. Die Bemerkung 6. zum Unterprogramm NHDECO ist hier zu beachten.

4.2.3. NP-Variante (beliebige Matrix, doppelte Genauigkeit)

Diese Variante unterscheidet sich von der NH-Variante (Abschnitt 4.2.2.) dadurch, daß die Felder B, RS, H mit doppelter Genauigkeit vereinbart sind (Realisierung des Punktes (4b) aus Abschnitt 4.). Die Routinen der NP-Variante sind wie folgt aufzurufen:

CALL NPLINK(N,M,MX,B,GR,RC,IR,IC,CT,V,I,J)

Gerufene Unterprogramme: Keine

CALL NPDECO (N,M,MX,B,GR,GC,IR,IC,IP,CT,PIV)

Die im Abschnitt 4.2.2. bei der Beschreibung von PIV vorkommenden Konstanten 10^{-10} bzw. 10^{-8} sind jetzt durch 10^{-20} bzw. 10^{-16} zu ersetzen.

Gerufene Unterprogramme: KND,KNG,KR,NG,ISECTH

CALL NPBACK(N,B,GR,GC,IP,RS,H,CT)

Gerufene Unterprogramme: KR

Bemerkung:

Für diese Variante werden die Routine NHZERO und die INTEGER-Funktionen INDXNH und ISECTH aus der NH-Variante übernommen.

4.2.4. SH-Variante (symmetrische Matrix, einfache Genauigkeit)

Der Zustand einer schwach besetzten symmetrischen Matrix wird durch die Parameter N,M,MX,B,GR,GC,ID,CT charakterisiert.
Dabei bedeuten:

- N - Dimension der symmetrischen Matrix A.
- M - Parameter, der die Anzahl der bereits belegten Feldelemente von B, GR und GC angibt. Die Anzahl M1 der NNE der Matrix A ist M1=2(M-N)+N.
- MX - Zulässiger Maximalwert von M.
- B - Feld der Länge MX. Es enthält in B(1),...,B(N) die Hauptdiagonalelemente der Matrix A und in B(N+1), ...,B(M) die NNE oberhalb der Hauptdiagonalen.
- GR,GC - Eindimensionale Felder der Länge MX. In ihnen sind die Verweisindizes zyklischer Listen wie in Abschnitt 4.2.2. untergebracht. Diese beziehen sich aber auf die Teilmatrix, die aus den Elementen oberhalb der Hauptdiagonalen besteht. Die Elemente unterhalb der Diagonalen müssen wegen der Symmetrie nicht dargestellt werden.
- ID - Eindimensionales Feld der Länge MX. Es enthält die Anzahl der NNE in jeder Zeile und Spalte der Matrix, mit Ausnahme der Diagonalelemente.
- CT - Bedeutung wie in Abschnitt 4.2.2.

Bis auf die INTEGER*2-Felder GR, GC wird der Parametertyp durch die FORTRAN-Standardvereinbarung festgelegt.

Unterprogramm SHZERO

Aufruf CALL SHZERO(N,M,GR,GC,ID,CT)

Parameter N (E) siehe oben
M,GR,GC,ID,CT (A) siehe oben

Unterprogramm SHLINK

Aufruf CALL SHLINK(N,M,MX,B,GR,GC,ID,CT,V,I,J)

Parameter Die Parameter N, MX (E) und M,B,GR,GC,ID,CT(E/A) wurden oben beschrieben. Zur Beschreibung von V,I,J (E) siehe Abschnitt 4.2.2. Für I=J wird lediglich B(I)=V gesetzt; hierbei bleiben M,GR,GC,ID unverändert. Für $I \neq J$ ist die Reihenfolge der Parameter I,J untereinander beliebig.

Gerufene Unterprogramme: Keine

Bemerkung:

Falls V=0 ist, dann wird das Element nicht hinzugefügt.

INTEGER-Funktion INDXSH

Aufruf K=INDXSH(N,GR,GC,I,J)

Parameter und Funktionswert siehe Abschnitt 4.2.2.

Gerufene Unterprogramme: ISECTH

Bemerkung:

Für $1 < I < J < N$ ist der Aufruf äquivalent zu K = ISECTH(I,J,GR,GC).

Unterprogramm SHDECO

Aufruf CALL SHDECO(N,M,MX,B,GR,GC,ID,IP,CT,PIV)

Parameter Die Parameter M,B,GR,GC,ID,IP und CT sind durch den Aufruf der Routinen SHZERO und SHLINK belegt worden. Nach Abarbeitung der Routine SHDECO stehen im Feld B die Werte der NNE sowie der Diagonalelemente für die Faktorisierung der Matrix A. Der Anwender muß die folgenden Parameter belegen bzw. deren Ausgabewert prüfen:

M	(E/A)	Ermöglicht die Berechnung der Anzahl der NNE nach der Faktorisierung; diese beträgt M1=2(M-N)+N.
PIV	(E/A)	Pivotwahlparameter Als Pivotelemente werden nur Hauptdiagonalelemente B(I) (I=1,...,N) zugelassen, da sonst die Symmetrie zerstört würde.
	$0<PIV\leq 1$:	Es werden als Pivotelemente nur solche Diagonalelemente zugelassen, deren Betrag größer als $\max\{PIV.\max(\lvert B(K)\rvert), 10^{-10}\}$ ist, wobei B(K) die Elemente derselben Zeile I wie das betrachtete Element B(I) durchläuft. Unter diesen wird dasjenige ausgewählt, in dessen Zeile am wenigsten NNE stehen. Sollte es keine Pivotkandidaten geben, so wird mit 0.5 PIV anstelle von PIV erneut gesucht. Wenn dabei schließlich $PIV \leq 10^{-10}$ wird, so wird der Fehlerindikator CT = -2 gesetzt.
	PIV = 0:	Die Pivotschranke ist hier mit 10^{-8} festgelegt.
	PIV < 0:	Die Pivotfolge ist über das Feld IP bereitzustellen, siehe auch 4.2.2. Dabei ist $1 \leq IP(I) \leq N$ für I=1,...,N.
CT	(E/A)	dient zur Information des Anwenders
	(E)	siehe Abschnitt 4.2.2., Parameter CT von NHDECO
	(A)	CT > 0, CT = 0, CT = -1: siehe Abschnitt 4.2.2. CT = -2: siehe Erläuterung zu $0 < PIV \leq 1$. CT = -3: Im Falle PIV < 0 ist $1 \leq IP(I) \leq N$ nicht erfüllt. CT = -4: Im Falle PIV < 0 hat ein Pivotelement den Wert Null.

Gerufene Unterprogramme: KND,KNG,NG,ISECTH,KR

Bemerkungen:

Mit Ausnahme von Bemerkung 6 haben die Bemerkungen zum Unterprogramm NHDECO aus Abschnitt 4.2.2. auch hier Gültigkeit.

Unterprogramm SHBACK

Aufruf CALL SHBACK(N,B,GR,GC,IP,RS,CT)

Parameter Siehe Abschnitt 4.2.2., Unterprogramm NHBACK. Der Parameter H entfällt hier.

Gerufene Unterprogramme: KR

4.2.5. SP-Variante (symmetrische Matrix, doppelte Genauigkeit)

Diese Variante unterscheidet sich von der SH-Variante dadurch, daß die Felder B und RS mit doppelter Genauigkeit vereinbart sind. Die im Abschnitt 4.2.3. bei der Beschreibung von PIV vorkommenden Größen 10^{-10} und 10^{-8} sind jetzt durch 10^{-20} bzw. 10^{-16} zu ersetzen.
Die Routinen der SP-Variante sind wie folgt aufzurufen:

CALL SPZERO(N,M,B,GR,GC,ID,CT)

Gerufene Unterprogramme: Keine

CALL SPLINK(N,M,MX,B,GR,GC,ID,CT,V,I,J)

Gerufene Unterprogramme: Keine

CALL SPDECO(N,M,MX,B,GR,GC,ID,IP,CT,PIV)

Gerufene Unterprogramme: KND,KNG,NG,ISECTH,KR

CALL SPBACK(N,B,GR,GC,IP,RS,CT)

Gerufene Unterprogramme: KR

Bemerkung:

Für diese Variante wird die INTEGER-Funktion INDXSH der SH-Variante übernommen.

4.3. BESM-6-Version des Programmpakets

4.3.1. Assembler-Hilfsprogramme

Die Hilfsroutinen wurden in SIBESM-69 geschrieben.
Die Aufrufe sind mit denen der ESER-Routinen (Abschnitt 4.2.2.) identisch.
Nach der für die BESM-6, Betriebssystem BAMOS, üblichen Zählweise (1 Wort = Bit 48-1 von links nach rechts) werden bei NG die 12 wertniedrigsten Bits von I in die Bits 24-13 von X, bei C bzw. R die 16 wertniedrigsten Bits von I in die Bits 32-17 bzw. 16-1 von X einge-

tragen. Die Funktionen KND,KNG,KR bzw. KC liefern die Bits 12-1, 24-13, 16-1 bzw. 32-17 als INTEGER-Zahl.

4.3.2. NM-Variante (beliebige Matrix)

Da die Adressenrechnung der BESM-6 keinen Zugriff zu Halbworten vorsieht und daher in BESM-FORTRAN keine INTEGER*2-Felder zugelassen sind, kann die bei der ESER-Version verwendete Speicherform für die Indexlisten GR,GC nicht übernommen werden. Um auch hier eine effektive Ausnutzung des Speicherplatzes zu erwirken, werden die bisher in den Feldern GR,GC abgespeicherten Indizes in einem einzigen INTEGER-Feld RC untergebracht. Jedes Element dieses Feldes enthält zwei Indizes, die über die Hilfsroutinen R,C,KR,KC verarbeitet werden.

Aufrufe CALL NMZERO(N,M,RC,IR,IC,CT)

Gerufene Unterprogramme: C,R

CALL NMLINK(N,M,MX,B,RC,IR,IC,CT,V,I,J)

Gerufene Unterprogramme: C,KC,R,KR

K = INDXNM(N,RC,I,J) bzw. K = ISECTM(I,J,RC)

Gerufene Unterprogramme: KC,KR,ISECTM (bei INDXNM)

CALL NMDECO(N,MX,B,RC,IR,IC,IP,CT,PIV)

Gerufene Unterprogramme: C,KC,NG,KNG,KND,KR,R,ISECTM

CALL NMBACK(N,B,RC,IP,RS,H,CT)

Gerufene Unterprogramme: KC,KR

4.3.3. NM-Assembler-Variante

Um die Rechenzeit der NM-FORTRAN-Variante zu verringern, wurde NMDECO in SIBESM-69 geschrieben. Dieses Programm ist mit den FORTRAN-Routinen aus Abschnitt 4.3.2. verträglich, so daß alle Aufrufe die gleichen bleiben. Die Rechenzeit verringert sich dabei ungefähr auf ein Viertel.

4.3.4. ND-Variante (beliebige Matrix, Externspeicher)

Falls der Hauptspeicher für die NM-FORTRAN-Variante nicht ausreichen sollte, so steht hierfür die ND-Variante zur Verfügung, welche externe Felder auf Magnettrommel, -platte oder -band verarbeitet.

Aufrufe CALL NDLINK(N,M,MX,LUN,IAD,RC,IR,IC,V,I,J)

Gerufene Unterprogramme: RWRITE,R,C,KR,KC

K = INDXND(N,LUN,IAD,I,J)

Gerufene Unterprogramme: RIBUF,ROBUF

CALL NDDECO(N,M,MX,LUN,IAD,RC,IR,IC,IP,CT,PIV)

Gerufene Unterprogramme: RIBUF,ROBUF

CALL NDBACK(N,LUN,IAD,RC,IP,RS,H,CT)

Parameter

LUN	(E)	Logische Nummer der Einheit, auf der sich das Externfeld befindet.
IAD	(E)	Startadresse auf der durch LUN definierten Einheit, an der ein Feld der Länge 2(MX-N) Worte beginnt. Dieses Feld nimmt diejenigen Größen auf, denen in der NM-Variante die Elemente B(N+1),...,B(M) und RC(N+1),..., RC(M) entsprechen. IAD muß geradzahlig sein.
RC	(E/A)	Eindimensionales Feld der Länge N.

Die übrigen Parameter entsprechen denen der NM-Variante.

Bemerkungen:

1. Für die ND-Variante wird das Programm NMZERO übernommen.
2. Es müssen insgesamt 4 Felder der Länge N (nämlich RC,IR,IC,IP) bereitgestellt werden. Wenigstens diese sollen im Hauptspeicher Platz haben.

4.3.5. SM-Variante (symmetrische Matrix)

Die Routinen der SM-Variante entsprechen den im Abschnitt 4.2.4. beschriebenen ESER-Routinen.

Aufrufe CALL SMZERO(N,M,B,RC,ID,CT)

Gerufene Unterprogramme: C,R

CALL SMLINK(N,M,MX,B,RC,ID,CT,V,I,J)

Gerufene Unterprogramme: C,KC,R,KR

K = INDXSM(N,RC,I,J)

Gerufene Unterprogramme: KC,KR,ISECTM

CALL SMDECO(N,M,MX,B,RC,ID,IP,CT,PIV)

Gerufene Unterprogramme: C,KC,NG,KNG,KND,KR,R,ISECTM

CALL SMBACK(N,B,RC,IP,RS,CT)

Gerufene Unterprogramme: KC,KR

Literatur:

Neben der hier zitierten Literatur sind in den angegebenen Sammelbänden sowie in Tewarson (1973) weitere Quellenangaben zu finden.

[1] CURTIS, A. R., REID, J. K. (1971a),
FORTRAN subroutines for the solution of sparse sets of linear equations, Rep. R 6844, AERE, Harwell, England.

[2] CURTIS, A. R., REID, J. K. (1971b),
On automatic scaling of matrices for Gaussian elimination, J. Inst. Math. Appl. 10, 118-124.

[3] MARKOWITZ, H. M. (1957),
The elimination form of inverse and its application to linear programming, Mgmt. Sc. 3, 255-269.

[4] REID, J. K. (editor)(1971),
Large sparse sets of linear equations,
Proc. Oxford Conf. Inst. Math. Appl., April 1970, Acad. Press, New York.

[5] RHEINBOLDT, W. C., MESZTENYI, C. K. (1973),
Programs for the solution of large sparse matrix problems based on the arcgraph structure,
Univ. of Maryland, Computer Sc. Center TR-262.

[6] ROSE, D. J., WILLOUGHBY, R. A. (editors)(1972),
Sparse matrices and their applications, Proc. IBM Conf., Sept. 1970, Plenum Press, New York.

[7] TEWARSON, R. P. (1973),
Sparse matrices, Acad. Press, New York, London.

[8] ZOLLENKOPF, K. (1971),
Bi-factorization: Basic computational algorithm and programming techniques, in: Large sparse sets of linear equations (J. K. Reid, ed.), S. 75-96.

Anhang 1

Beispiel für ein Rahmenprogramm

Die Matrix liege in Form von Eingabedaten vor. Zuerst werden die Dimension N und die Anzahl M1 der NNE eingegeben, dann folgen die Elemente als Tripel (Wert, Zeilenindex, Spaltenindex) in einer beliebigen Reihenfolge. Anschließend folgen 2 rechte Seiten; die zugehörigen Lösungsvektoren sind zu berechnen und auszudrucken.

```
      DIMENSION B(10000),IP(1000),IR(1000),IC(1000),W(1000)
      INTEGER*2 GR(10000),GC(10000)
      EQUIVALENCE (B,IP),(W,IC)
      READ 1,N,M1
    1 FORMAT(2I10)
      CALL NHZERO(N,M,GR,GC,IR,IC,CT)
      DO 3 K=1,M1
      READ 2,V,I,J
    2 FORMAT(E20.11,2I10)
    3 CALL NHLINK(N,M,10000,B,GR,GC,IR,IC,CT,V,I,J)
      PIV=0.5
      CALL NHDECO(N,M,10000,B,GR,GC,IR,IC,IP,CT,PIV)
      IF(CT) 4,4,6
    4 PRINT 5,CT
    5 FORMAT(' FEHLERINDIKATOR =',F5.1)
      STOP
    6 DO 8 L=1,2
      READ 7,(W(K),K=1,N)
    7 FORMAT(4E20.11)
      CALL NHBACK(N.B.GR,GC,IP,W,IR,CT)
    8 PRINT 9,(W(K),K=1,N)
    9 FORMAT('LOESUNGSVEKTOR ='/(8E14.7))
      STOP
      END
```

Anhang 2

Ausgabe rechteckiger Teilmatrizen schwach besetzter Matrizen als Zahlenblock oder als Strukturmuster

Die durch die Parameter B,GR,GC gegebene schwach besetzte Matrix soll ganz oder teilweise ausgedruckt werden. Der auszudruckende Teil wird durch die Zeilenindizes I1,I2 und durch die Spaltenindizes J1,J2 bestimmt. Die ausgewählten Matrixelemente werden in einem Hilfsfeld H untergebracht, das anschließend gedruckt wird.
Wenn die unterstrichenen Teile des Programms durch die rechts daneben stehenden Anweisungen ersetzt werden, so wird nur die Struktur des betreffenden Teilblocks als Muster ausgedruckt, wobei einem Nullelement das Zeichen   und einem Nichtnullelement das Zeichen X entspricht.

```
      SUBROUTINE PART(B,GR,GC,I1,I2,J1,J2,H,K1,L1)
      DIMENSION H(K1,L1),B(1),GR(1),GC(1)
      INTEGER*2 GR,GC
      DATA Z,X/'.','X'/
      K=1
      DO 3 I=I1,I2
      L=1
      DO 2 J=J1,J2
      M=ISECTH(I,J,GR,GC)
      H(K,L)=0                H(K,L)=Z
      IF(M) 2,2,1
    1 H(K,L)=B(M)             H(K,L)=X
    2 L=L+1
    3 K=K+1
      DO 4 K=1,K1
    4 PRINT 5,(H(K,L),L=1,L1)
    5 FORMAT(8E14.7)          (2X,110A1)
      RETURN
      END
```

Die Dimensionen K1,L1 des Hilfsfeldes sollten K1=I2-I1+1 und L1=J2-J1+1 betragen. Wenn nur ein Strukturmuster ausgegeben wird, könnte der Parameter B aus der Parameterliste gestrichen werden.

Anhang 3

Testbeispiele

An einigen Beispielen mit zufällig erzeugten schwach besetzten Matrizen, deren Elemente betragsmäßig zwischen 0.001 und 1000 liegen, wird ein Aufwandsvergleich zwischen Faktorisierung mit gleichzeitiger Pivotfolgenbestimmung und Faktorisierung mit gegebener Pivotfolge durchgeführt.

Dimension, Rechenanlage	NNE vor (nach) der Faktorisierung	Programm-variante	Rechenzeit
300 ES-1020,DOS	896 (1586)	SP mit PIV=0.15:	42 s
	wie oben, gegebene Pivotfolge		3 s
200 ES-1022,OS	629 (1356)	NP mit PIV=0.5:	16 s
	wie oben, gegebene Pivotfolge		4.4 s
	612 (1162)	SP mit PIV=0.5:	21 s
	wie oben, gegebene Pivotfolge		2.1 s
200 BESM-6,BAMOS	607 (1081)	NM mit PIV=0.3:	4.7 s
	wie oben, gegebene Pivotfolge		1.8 s
	607 (1062)	NM-Assembler mit PIV=0.3:	3.8 s
500 BESM-6,BAMOS	1436 (2788)	NM mit PIV=0.1:	25 s
	wie oben, gegebene Pivotfolge		7.6 s
	1382 (2048)	SM mit PIV=0.1:	32.4 s
	wie oben, gegebene Pivotfolge		1.3 s

Die angegebenen Zeiten sind Zentraleinheitszeiten (FOTIME für Betriebssystem DOS, STIMER TASK für Betriebssystem OS, CLOCK für BESM-6).
Für die Vorwärtselimination und Rücksubstitution war im Vergleich zur Faktorisierung nur ein unbedeutender Aufwand nötig; die Rechenzeit dafür betrug z. B. in den letzten vier Beispielen 0.48 s.

Anhang 4

Listing des Unterprogramms NHDECO (Abschn. 4.2.2.)

```
      SUBROUTINE NHDECO (N,M,MX,B,GR,GC,IR,IC,IP,CT,PIV)
      DIMENSION B(1),IR(1),IC(1),IP(1)
      INTEGER*2 GR(1),GC(1)
      IF(CT) 86,86,87
   87 IF(PIV.GT.1.) PIV=1.
      DO 1 J=1,N
      CALL NG(J,IR(J))
    1 CALL NG(J,IC(J))
      DO 68 I=1,N
      IF(PIV) 76,76,75
   75 NK1=N
      NK2=N
      DO 5 IW=I,N
      IX=KNG(IR(IW))
      I1=KND(IR(IX))
      IF(I1.GE.NK1) GOTO 3
      J=IW
      JR=IX
      NK1=I1
    3 IX=KNG(IC(IW))
      I2=KND(IC(IX))
      IF(I2.GE.NK2) GOTO 5
      K=IW
      JC=IX
      NK2=I2
    5 CONTINUE
      IDX=N
      BM=0
      B1=0
      BMAX=1.E-8
      Z=0
      IF(NK1.GT.NK2) GOTO 26
      IF(NK1) 70,70,15
   15 IY=GR(JR)
      IF(PIV) 19,19,16
   16 IF(B1.LT.ABS(B(IY))) B1=ABS(B(IY))
      IY=GR(IY)
```

```
      IF(IY.NE.JR) GOTO 16
      BMAX=AMAX1(PIV*B1,1.E-10)
18    IY=GR(IY)
      IF(IY.EQ.JR) GOTO 38
19    X=ABS(B(IY))
      IF(X.LT.BMAX) GOTO 18
      IZ=IY
21    IZ=GC(IZ)
      IF(IZ.GT.N) GOTO 21
      ID=KND(IC(IZ))
      IF(ID-IDX) 24,23,18
23    IF(X-BM) 18,18,24
24    IDX=ID
      BM=X
      IX=IY
      JC=IZ
      GOTO 18
26    IF(NK2) 70,70,27
27    IY=GC(JC)
      IF(PIV) 31,31,28
28    IF(B1.LT.ABS(B(IY))) B1=ABS(B(IY))
      IY=GC(IY))
      IF(IY.NE.JC) GOTO 28
      BMAX=AMAX1(PIV*B1,1.E-10)
30    IY=GC(IY)
      IF(IY.EQ.JC) GOTO 38
31    X=ABS(B(IY))
      IF(X.LT.BMAX) GOTO 30
      IZ=IY
33    IZ=GR(IZ)
      IF(IZ.GT.N) GOTO 33
      ID=KND(IR(IZ))
      IF(ID-IDX) 36,35,30
35    IF(X+BM) 30,30,36
36    IDX=ID
      BM=-X
      IX=IY
      JR=IZ
      GOTO 30
76    IX=KR(IP(I))
      Z=-3.
```

```
      IF(IX.GT.M) GOTO 70
      IF(N.GE.IX) GOTO 70
      Z=-4.
      IF(B(IX)) 83,70,83
38    Z=-2.
      IF(BM) 39,70,41
70    CT=Z
      RETURN
39    DO 40 J=I,N
      IF(KNG(IR(J)).EQ.JR) GOTO 43
40    CONTINUE
41    DO 42 K=I,N
      IF(KNG(IC(K)).EQ.JC) GOTO 43
42    CONTINUE
43    CALL NG(KNG(IR(I)),IR(J))
      CALL NG(KNG(IC(I)),IC(K))
      IP(I)=IX
83    IY=IX
44    IZ=GR(IY)
      IF(IZ.GT.N) GOTO 47
      JR=IZ
      IZ=GR(IZ)
      GR(IY)=IZ
      GR(JR)=GR(IX)
      GR(IX)=JR
47    IY=IZ
      IF(IY.EQ.IX) GOTO 52
48    IZ=GC(IZ)
      IF(IZ.GT.N) GOTO 48
      I1=IZ
      IC(IZ)=IC(IZ)-1
50    I2=IZ
      IZ=GC(IZ)
      IF(IZ.NE.IY) GOTO 50
      GC(I2)=GC(IY)
      GC(IY)=I1
      GOTO 44
52    IZ=GC(IY)
      IF(IZ.GT.N) GOTO 54
      JC=IZ
      IZ=GC(IZ)
```

```
      GC(IY)=IZ
      GC(JC)=GC(IX)
      GC(IX)=JC
54    IY=IZ
      IF(IY.EQ.IX) GOTO 68
56    IZ=GR(IZ)
      IF(IZ.GT.N) GOTO 56
      K1=IZ
      IR(IZ)=IR(IZ)-1
66    I2=IZ
      IZ=GR(IZ)
      IF(IZ.NE.IY) GOTO 66
      GR(I2)=GR(IY)
      GR(IY)=K1
      B(IY)=B(IY)/B(IX)
      IF(CT.LT.ABS(B(IY))) CT=ABS(B(IY))
      IW=JR
58    IW=GR(IW)
      IF(IW.EQ.IX) GOTO 52
      K2= GC(IW)
      I1=ISECTH(K1,K2,GR,GC)
      IF(I1) 63,63,65
63    Z=-1.
      IF(M.GE.MX) GOTO 70
      M=M+1
      IR(K1)=IR(K1)+1
      IC(K2)=IC(K2)+1
      GR(M)=GR(K1)
      GR(K1)=M
      GC(M)=GC(K2)
      GC(K2)=M
      B(M)=-B(IY)*B(IW)
      IF(CT.LT.ABS(B(M))) CT=ABS(B(M))
      GOTO 58
65    B(I1)=B(I1)-B(IY)*B(IW)
      IF(CT.LT.ABS(B(I1))) CT=ABS(B(I1))
      GOTO 58
68    CONTINUE
86    RETURN
      END
```

Nachwort

Verfahren der linearen Algebra gehören zu den Grundmethoden der Mathematik. Die mathematische Modellierung angewandter Probleme führt in vielen Fällen, insbesondere in jenen, wo numerische Methoden angewendet werden müssen, auf Grundalgorithmen zur Lösung linearer Gleichungssysteme.

Der vorliegende Sammelband soll dem in der Praxis tätigen Nutzer numerischer Verfahren effektive Algorithmen bereitstellen. Dabei nimmt die erste Arbeit des Bandes eine Sonderstellung ein, da in ihr ein universelles System zur Implementierung einer breiten Klasse numerischer Verfahren vorgestellt wird. Dieses System wird an mehreren Rechenzentren der DDR und der Sowjetunion seit mehreren Jahren erfolgreich genutzt, vergleichbare Entwicklungen aus anderen Ländern sind nicht bekannt. Neben der bereits nachgewiesenen hohen Effektivität im Sinne der Geschwindigkeitserhöhung, Genauigkeitsverbesserung und wesentlichen Programmiererleichterung, sind sie auch als Forderungen der numerischen Mathematik an künftige Hardwareentwicklungen zu verstehen.

Obwohl lineare Gleichungssysteme die häufigste numerische Grundaufgabe sind, auf die man durch Diskretisierung und Linearisierung komplizierter Probleme geführt wird und für die folglich eine Vielzahl von Methoden und entsprechender realisierter Programmvarianten vorliegen, zwingen die Notwendigkeit, lineare Gleichungssysteme immer größerer Dimension numerisch aufzulösen, und das gegenwärtige Fehlen solcher physikalischer Effekte, die eine Vergrößerung der elementaren Operationsgeschwindigkeit in gleichem Umfang wie in den beiden zurückliegenden Jahrzehnten erwarten ließen, zu einer weitgehenden Berücksichtigung der strukturellen Eigenschaften großer Gleichungssysteme.

Neben die - im allgemeinen in wenigen Zeilen notierte - Grundidee des Verfahrens treten detailierte umfangreiche Überlegungen zur rechentechnisch-organisatorischen Bewältigung realer Aufgaben großer Dimension. Für große lineare Gleichungssysteme sind diese Besonderheiten

- der häufig externe Medien erfordernde absolute Speicherumfang und hieraus notwendige Überlegungen für effektivste Speicherungsarten,
- die i. a. schwache Besetztheit der Matrizen und folglich die Möglichkeit kompakter (nur von Null verschiedene Matrixelemente berücksichtigende) Speicherungen,
- das absolute Überwiegen der Skalarprodukte als einfachster nichtelementarer Operation an der Gesamtmenge auszuführender Operationen und die darin liegenden Möglichkeiten der Geschwindigkeitssteigerung.

Diese Besonderheiten führten zu einer Vielzahl von Untersuchungen, um den Transferaufwand von externen Medien zu verringern.
Die international bekannten Entwicklungen zur rechentechnischen Effektivierung von Computeralgorithmen gehen meist von den Möglichkeiten der Rechentechnik aus. Hier werden die aus numerischer Sicht wünschenswerten Entwicklungen seitens der Informationsverarbeitung herausgearbeitet. Die Realisierung der Algorithmen auf der Basis der Modularimplementierung bringt wesentliche Effektivitätsverbesserungen gegenüber bekannten Programmen.
Die Lösung von Gleichungssystemen unter Nutzung externer Speicher ist relativ wenig entwickelt; existierende Entwicklungen nutzen die rechentechnischen Möglichkeiten bestimmter Rechenanlagen. Hier werden solche Modifikationen von Algorithmen behandelt, für die minimaler Transferaufwand nachgewiesen werden kann. Dabei sind die Struktur von Matrizen und Algorithmen unabhängig von der Rechenanlage, können jedoch ihre Vorteile nutzen. Ein Effektivitätsvergleich konnte nicht erfolgen, da vergleichbare Programme nicht bekannt sind.
Die in der letzten Arbeit angewandte Kompaktspeichertechnik geht auf Arbeiten von Rheinboldt-Mesztenyi (1973,1975) zurück. Durch Anwendung neuer verfahrenstechnischer Hilfsmittel und Änderung der Pivotstrategie gelang es, eine Rechenzeitverringerung um den Faktor 3 gegenüber der Originalvariante zu erzielen.
Neben anderen Programmsystemen, wie z. B. OREST1 und OREST2 für Linearoptimierung vom Institut für Energetik Leipzig ist besonders die Variante GAUSPA in BESM-6-Algol (F. GRUND, ZIMM d. AdW d. DDR) erwähnenswert, die die gleiche Aufgabe wie das Teilprogramm NMDECO löst.
Während zu ersteren keine Effektivitätsvergleiche existieren, ergaben Rechenzeitvergleiche mit GAUSPA ein Verhältnis von 1 : 1,5 bis 1 : 2,5 zugunsten des vorliegenden Programms.

Zusammenfassend kann gesagt werden, daß die in diesem Sammelband vorgelegten Softwareentwicklungen durch zahlreiche Nachnutzungen ihre praktische Erprobung bestanden haben. Die Autoren stehen jederzeit weiteren Anwendern für Konsultationen zur Verfügung.

H. Hollatz

Ausblick auf künftige Vorhaben in dieser Reihe

Die rasche Entwicklung der Rechentechnik in der DDR und den anderen sozialistischen Ländern erfordert auch verstärkte Bemühungen um die Bereitstellung effektiver numerischer Algorithmen.
Dem Anliegen der vorliegenden Reihe folgend sind in den kommenden Jahren u. a. Sammelbände zu folgenden Themen vorgesehen:

- Nichtlineare Gleichungen,
- Eigenwertprobleme,
- Minimierung mit und ohne Nebenbedingungen,
- Programmsystem für lineare Optimierungsaufgaben,
- Anfangswertprobleme für gewöhnliche Differentialgleichungssysteme,
- Randwertaufgaben,
- Methode der finiten Elemente bei speziellen Aufgabenklassen,
- Nichtlineare Schwingungen.

PROGRAMMIERSPRACHEN IM AKADEMIE-VERLAG

Die Programmierungssprachen PASCAL und ALGOL 68

Von KARL-HEINZ BACHMANN

(Elektronisches Rechnen und Regeln, Band 10)
1976. 220 Seiten - 39 Abb.- 18 Tab. - gr. 8° - Lederin 29,--M
Bestell-Nr. 762 194 7 (6298)

In der vorliegenden Darstellung werden die beiden Sprachen ALGOL 68 und PASCAL als Beschreibungen von Prozeßabläufen in abstrakten Automaten betrachtet. Für jede Sprache wird ein Verarbeitungsautomat festgelegt, dessen Aktionen die Bedeutung eines Programmtextes definieren. Hieraus lassen sich Ähnlichkeiten und Unterschiede beider Sprachen erkennen.

Revidierter Bericht über die Algorithmische Sprache ALGOL 68

Herausgegeben von A. van WIJNGAARDEN / B.J. MAILLOUX / J.E.L. PECK / C.H.A. KOSTER / M. SINTZOFF / C.H. LINDSEY / L.G.L.T. MEERTENS / R.G. FISKER

(Übersetzung aus dem Englischen)
Herausgegeben von Immo O. Kerner
(Elektronisches Rechnen und Regeln, Sonderband 27)
1978, X, 244 Seiten - gr. 8° - Lederin 48,-- M
Bestell-Nr. 762 108 2 (6258)

Von der internationalen und Computer-Herstellerfirmen-freien Arbeitsgruppe WG 2.1 ALGOL der IFIP wurde als Nachfolger von ALGOL 60 auch die Programmiersprache ALGOL 68 entwickelt. Diese liegt nun nach den ersten Implementierungserfahrungen in einer revidierten verbesserten Form vor. Der Sprachinhalt hat sich gegenüber 1968 nur unwesentlich geändert, aber mit der Definitionsform wurde von diesem "Revidierten Bericht" ein neuer Weg beschritten unter Beibehaltung der Technik der zweistufigen oder van Wijngaarden-Grammatiken. Dabei erfolgte eine Erweiterung mit dem Hilfsmittel der sog. "Prädikate", wodurch eine formale Erfassung aller Kontextbedingungen in den syntaktischen Regeln gelang. Dies stellt eine große Hilfe für die Compilererzeugung dar.

DIE PROGRAMMIERSPRACHE PASCAL

Revidierter Bericht über die Sprache Pascal

(Übersetzung aus dem Englischen)
Von NIKLAUS WIRTH
In deutscher Sprache herausgegeben von
HANS SCHIEMANGK und GERHARD PAULIN
(Elektronisches Rechnen und Regeln, Sonderband 23)
1976. XII, 48 Seiten - 17 Abb. - gr. 8° - 10,-- M
Bestell-Nr. 762 259 5 (6314)

Pascal ist eine auf der Grundlage von Algol 60 entwickelte Programmiersprache. Verglichen mit Algol 60 ist ihr Anwendungsbereich durch eine Vielfalt von Möglichkeiten für Datenstrukturierung erweitert. Im Hinblick auf den beabsichtigten Einsatz der Sprache als einfache Grundlage für das Lehren der Programmierung und als Hilfsmittel für das Schreiben umfangreicher Programme, wurde Wert darauf gelegt, die Anzahl der grundlegenden Forderungen sinnvoll klein zu halten. Ferner bemüht sich der Autor um eine einfache und systematische Struktur der Sprache und um effektive Implementierbarkeit.

Für die Anlagenfamilie CDC 6000 wurde ein 1-Paß-Compiler entworfen und programmiert.
Dieser Bericht dient als Programmierhandbuch für Pascal 6000.

Programmierung mit PASCAL

Von GERHARD PAULIN und HANS SCHIEMANGK
3. Quartal 1981. Etwa 160 Seiten - 8° - etwa 25,-- M
Bestell-Nr. 762 821 7 (6585)

Das von N. Wirth an der ETH Zürich entwickelte PASCAL-System bietet gute Voraussetzungen für die Übertragung auf verschiedene Typen von Rechenanlagen und Betriebssystemen.
Das Publikationsvorhaben fußt auf den Erfahrungen, die die Autoren bei der Ausbildung von Studenten in PASCAL gesammelt haben. Syntax und Semantik der Sprache werden so kurz wie möglich, aber so ausführlich wie nötig behandelt, um die Vielfalt der Einsatzmöglichkeiten von PASCAL kennenzulernen. Zahlreiche Übungen mit Lösungen erhöhen das Verständnis und die Anschaulichkeit des Buches.

DIE PROGRAMMIERSPRACHE LISP

LISP-Programmierhandbuch

Eine Sprache für die nichtnumerische Informationsverarbeitung
Von HERBERT STOYAN

1978. XII, 208 Seiten - 14 Abb. - 8° - 28,-- M
Bestell-Nr. 762 343 2 (6304)

Das LISP-Programmierhandbuch ist gedacht für den Benutzer des LISP-Systems im DOS der ESER-Reihe zur täglichen Verwendung. Es enthält eine kurze Einführung in die LISP-Programmierung, die es auch mit LISP nicht vertrauten Anwendern gestattet, das Handbuch als Arbeitsmittel zu benutzen. Das Hauptanliegen besteht aber nicht in einer gründlichen Einführung in die LISP-Programmierung, sondern es wird ein erweitertes Nachschlagewerk vorgelegt, in dem alle Eigenschaften der LISP-Implementation im DOS der Rechner der ESER-Reihe detailliert beschrieben werden, in dem die sachgemäße Anwendung der Möglichkeiten des LISP-Systems erläutert wird und diese durch die Angabe möglichst typischer Beispiele durchsichtig und praktikabel gemacht wird.

LISP-Anwendungsgebiete, Grundbegriffe, Geschichte

Von HERBERT STOYAN

1980. 470 Seiten - 26 Abb. - 8° - etwa 58,-- M
Bestell-Nr. 762 759 9 (6315)

LISP ist eine Programmiersprache für die nichtnumerische Informationsverarbeitung. Der Autor gibt eine Einführung in die Anwendungsgebiete von LISP. So werden Verarbeitung natürlicher Sprache, Beweis logischer Theoreme, Programmverifikation, Formalmanipulation, Robotersteuerung und Wissenssysteme besprochen. Die konventionelle Einführung in die Programmierung nimmt einen kleinen Teil ein. Statt dessen soll die Programmiersprache als menschliches Produkt zur Kommunikation (nicht nur mit Rechnern) und ihre Entwicklungsgeschichte dargestellt werden. Die Beschreibung wesentlicher LISP-Dialekte (Systeme), die dem Wissenschaftler in den sozialistischen Ländern gewöhnlich nicht verfügbar sind, ermöglicht es dem Leser, seine ihm vertraute Implementation einzuschätzen und über wünschenswerte Weiterentwicklungen nachzudenken.

Prof. Dr. sc. nat. Horst Hollatz

Geboren 1941. Von 1960 bis 1965 Studium der Mathematik an der Humboldt-Universität Berlin.
1965 bis 1967 Aspirant am 2. Mathematischen Institut der Humboldt-Universität.
Von 1967 bis 1977 Oberassistent und Arbeitsgruppenleiter am Zentralinstitut für Mathematik und Mechanik bzw. Zentrum für Rechentechnik der Akademie der Wissenschaften der DDR, Promotion (A) 1967, Promotion (B) 1973.
1970 Honorardozent an der Humboldt-Universität, seit 1977 ordentlicher Professor für numerische Mathematik an der Technischen Hochschule „Otto von Guericke" Magdeburg.

Dr. rer. nat. Dieter Richter

Geboren 1950. Von 1968 bis 1973 Studium der Mathematik an der Humboldt-Universität Berlin, seit 1973 wissenschaftlicher Mitarbeiter am Zentrum für Rechentechnik der Akademie der Wissenschaften der DDR, 1975 Promotion (A).

Dr. rer. nat. Wolfgang Burmeister

Geboren 1953. Von 1971 bis 1974 Studium der Mathematik an der Technischen Universität Dresden, 1974 bis 1975 Forschungsstudium mit Promotion (A) 1976.
Seit 1975 wissenschaftlicher Assistent an der Sektion Mathematik der Technischen Universität Dresden.

In der Arbeit von Hollatz, Richter wird ein Paket numerischer Elementarmoduln vorgestellt, das insbesondere die Bausteine der innersten Zyklen in numerischen Algorithmen enthält. Sie dienen bei der Implementierung von Verfahren der Genauigkeitsverbesserung, der Geschwindigkeitserhöhung und der Programmiererleichterung.

Richter behandelt direkte Verfahren zur Gleichungsauflösung und Invertierung positiv definiter, symmetrischer Matrizen. Dabei werden universelle Bausteine entwickelt, die das Gerüst des Programmsystems bilden. Über eine kommunikative Hülle ist eine Menge von einfachen Zugängen zum System realisiert. Das System wird auf die Nutzung externer Speichermedien erweitert.

Im Beitrag von Burmeister wird ein Programmpaket zur Lösung großer linearer Gleichungssysteme mit schwach besetzter Koeffizientenmatrix dokumentiert, das mit einer speziellen Variante des Gaußschen Algorithmus und doppelt verketteten Listen für die Nichtnullelemente der Ausgangsmatrix arbeitet.

FSC
www.fsc.org
MIX
Papier | Fördert gute Waldnutzung
FSC® C083411

Zeitfracht Medien GmbH
Ferdinand-Jühlke-Straße 7
99095 Erfurt, Deutschland
produktsicherheit@kolibri360.de